国家示范性高职院校建设项目成果

机械图样的识读与绘制习题集

主编　奚旗文

主审　周家泽

電子工業出版社

Publishing House of Electronics Industry

北京 · BEIJING

内容简介

本习题集是适应高等职业教育的迅速发展，结合高等职业院校的“示范性高职院校建设”、“专业建设改革”及“课程建设改革”，按任务式及近年来颁布的有关制图的最新国家标准编写而成的。本习题集与奚旗文主编的《机械图样的识读与绘制》教材配套使用，与教材内容同步设置习题，辅助教学。

全书共五个部分，分别是机械样的识读与绘制基础、绘制几何图形、绘制常用件的图样、识读和绘制典型零件图、识读和绘制装配图等内容，以培养制图及读图能力为主线，内容丰富、新颖、切合实际，图形准确、清晰。凡是图中的重要内容均设置了多题型、新角度、寓意深的适量习题。

本习题集适合作为高等职业院校、高等专科学校、成人教育学院等院校机械制图课程的教材，也可供职工培训使用及有关工程技术人员参考。

图书在版编目（CIP）数据

机械图样的识读与绘制习题集 / 奚旗文主编．—北京：电子工业出版社，2012.8
国家示范性高职院校建设项目成果

ISBN 978-7-121-17820-7

Ⅰ．①机…　Ⅱ．①奚…　Ⅲ．①机械图－识读－高等职业教育－习题集②机械制图－高等职业教育－习题集　Ⅳ．① TH126-44

中国版本图书馆 CIP 数据核字（2012）第 179327 号

策划编辑：朱怀永
责任编辑：朱怀永　　特约编辑：王　纲
印　　刷：
装　　订：涿州市京南印刷厂
出版发行：电子工业出版社
北京市海淀区万寿路 173 信箱　邮编　100036
开　　本：787×1 092　1/16　印张：13.75　字数：177 千字
印　　次：2012 年 8 月第 1 次印刷
印　　数：3 000 册　　定价：25.50 元

凡所购买电子工业出版社图书有缺损问题，请向购买书店调换。若书店售缺，请与本社发行部联系，联系及邮购电话：（010）88254888。
质量投诉请发邮件至 zlts@phei.com.cn，盗版侵权举报请发邮件至 dbqq@phei.com.cn。
服务热线：（010）88258888。

前　　言

本习题集是根据高职高专机械类专业工程制图课程教学基本要求为依据而编写的。它与奚旗文主编的《机械图样的识读与绘制》教材的顺序相同，与之配套使用。

本习题本着“淡化理论、突出应用、培养技能、适应岗位”的编写原则，并结合国家示范性高职专业建设的成果及编者、参编教师多年的教学经验编写而成的。本习题集的特点是：打破传统体系，将原有的《机械制图》和《绘图测绘》有机地结合起来，按改革后的课程内容安排、设置习题和练习；注重培养学生的空间想象能力、识图能力、绘图能力；采用最新国家标准和大量贴近工程实际的典型图例；较好地配合教材学习内容安排，做到理论与实践有机地结合在一起进行训练。

本习题集内容共分五个部分，分别是：学习情境一　工程图的识读与绘制基础；学习情境二　绘制几何图形；学习情境三　绘制常用件的图样；学习情境四　识读和绘制典型零件图；学习情境五　识读和绘制装配图。相应的制图知识及训练有机地融合到各学习情境的习题中。

本书由武汉职业技术学院的奚旗文担任主编，武汉职业技术学院的周家泽担任主审；学习情境四由艾小玲编写，其他均由奚旗文编写并负责统稿和定稿。

在编写的过程中得到了学院各级领导与同行的大力支持，特别是武汉职业技术学院的项仁昌的指导和帮助，在此一并表示衷心的感谢！

由于编者对教学改革正处在不断探索、积累和改进的阶段，水平有限，加上编写时间仓促，书中难免存在疏漏和不足之处，希望同行专家和使用本书的师生批评指正。

编者
2012年7月

目　录

学习情境一　机械图样的识读与绘制基础

任务一　认知机械图样

1．识读下面图样，判别图样的类型并说明理由。

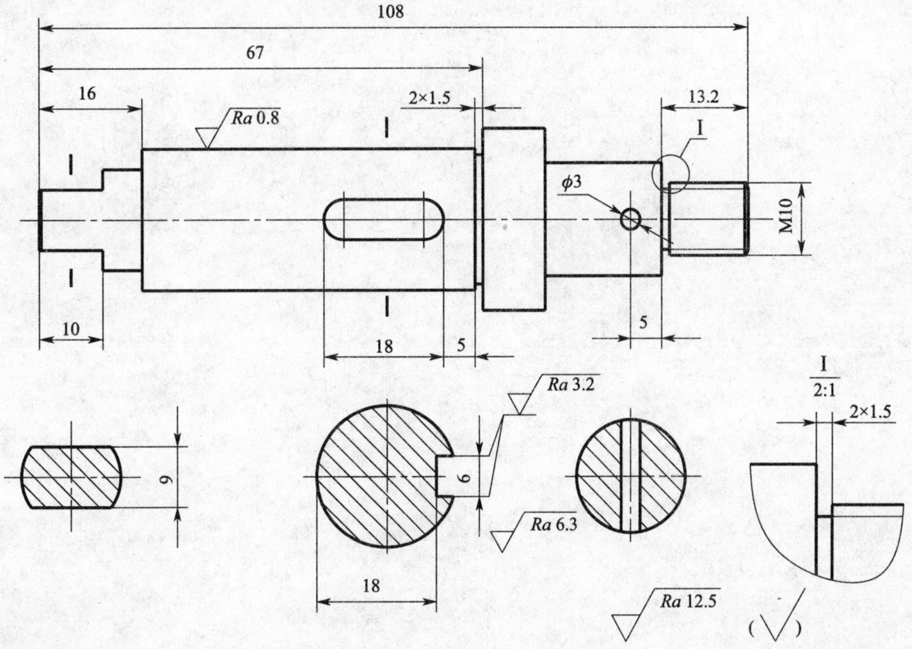

技术要求

（1）未注倒角C0.5；

（2）全部调质26～31HRC；

（3）ϕ28外圆面表面淬火55～62HRC，淬硬深度为0.7～1.5。

泵 轴		材料	45	数量	
		比例	1∶1	重量	
设计		图号			
制图					
审核					

班级：　　　　学号：　　　　姓名：

2．识读下面图样，判别图样的类型并说明理由。

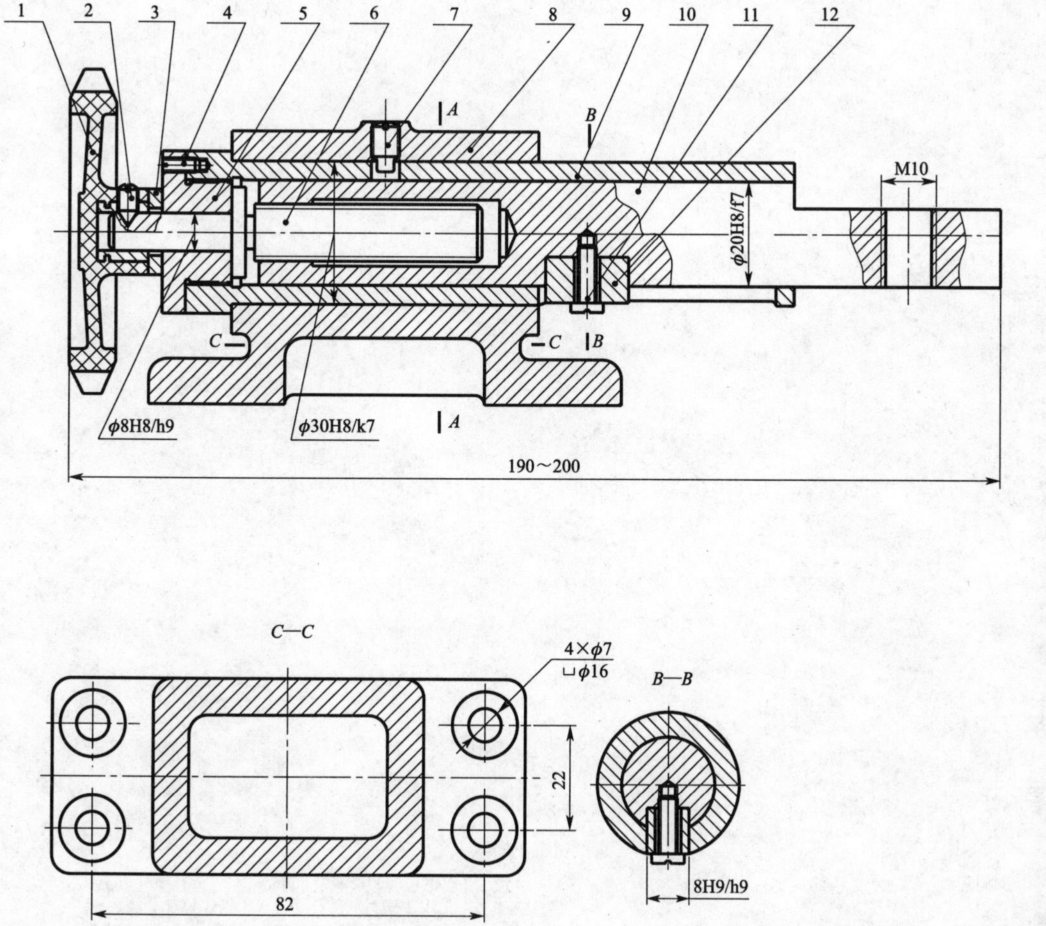

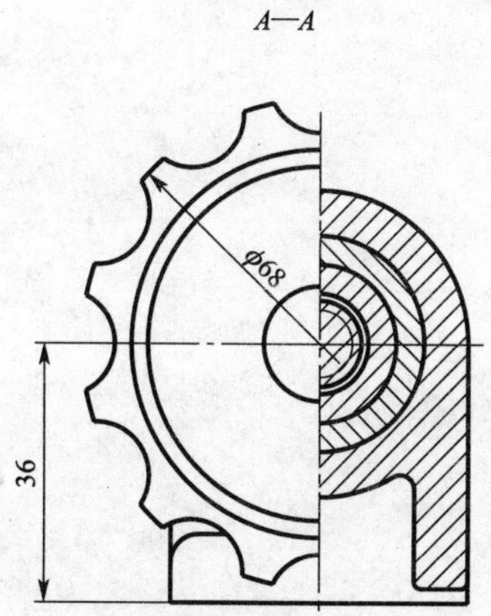

12	键8×16	1	45	
11	螺钉M3×4	1	Q235	GB/T65
10	导杆	1	45	
9	导套	1	45	
8	支座	1	ZL103	
7	紧固螺钉M6×12	1	Q235	GB/T75
6	螺杆	1	45	
5	轴套	1	45	
4	紧固螺钉M3×8	1	Q235	GB/T73
3	垫圈	1	Q235	GB/T97
2	紧固螺钉M5×8	1	Q235	GB/T71
1	手轮	1	酚醛塑料	JB1352—1973
序号	名称	件数	材料	备注

微动机构		比例		（图样代号）
		件数		
制图	（签名）	（年月日）	重量	共 张 第 张
描图			学校名称	
审核				

班级：　　　　学号：　　　　姓名：

任务二　认知制图国家标准

1.字体综合练习。

机 械 制 图 标 准 序 号 名 称 件 数 重 量 材 料 备 注 比 例 设 计 审 核

机 器 零 部 件 装 配 平 面 图 形 组 合 体 三 视 图 轴 测 剖 视 断 面 局

其 余 表 面 粗 糙 度 热 处 理 铸 造 倒 角 圆 柱 锥 齿 轮 蜗 杆 螺 栓 柱 母 钉 垫 圈 键 销

0 1 2 3 4 5 6 7 8 9 φ R M　0 1 2 3 4 5 6 7 8 9 φ R M　0 1 2 3 4 5 6 7 8 9 φ R M

班级：　　　　学号：　　　　姓名：

2. 图线练习。

（1）在指定位置处照样画出并补全各种图线和图形。

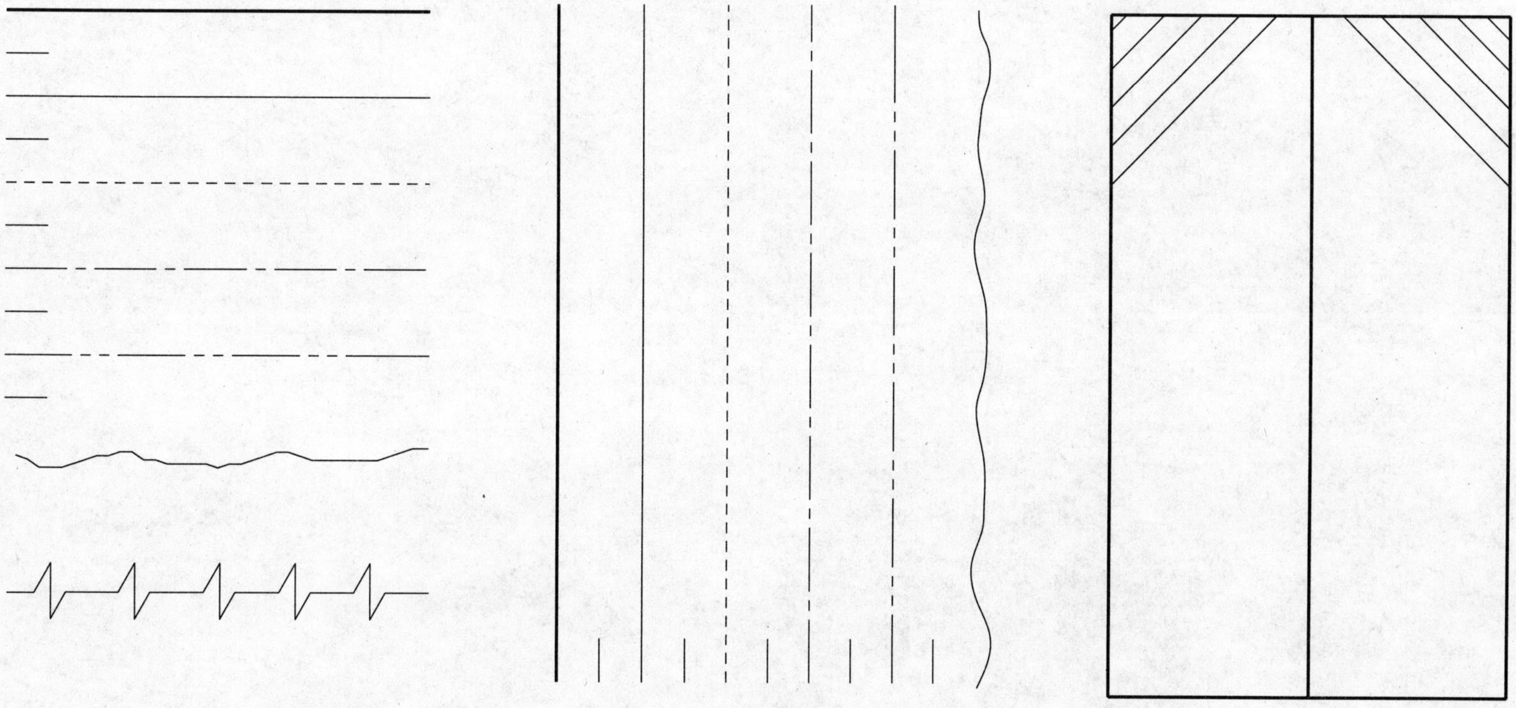

班级：　　　　　　学号：　　　　　　姓名：

（2）在指定位置处照样画出并补全各种图线和图形。

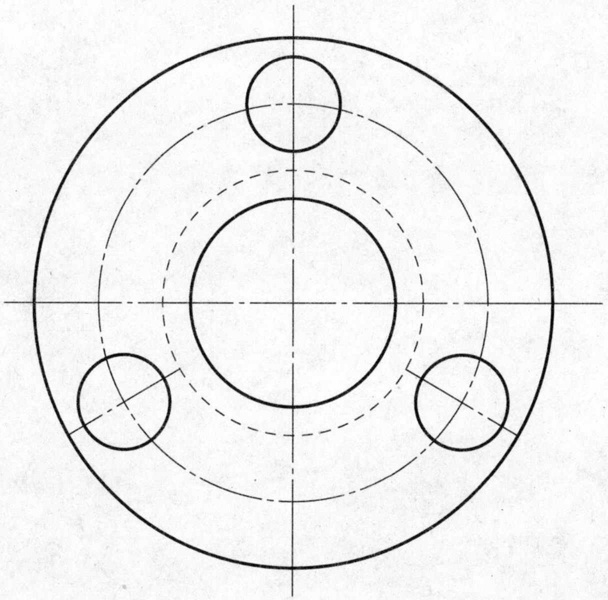

班级：　　　　学号：　　　　姓名：

3．尺寸标注。

（1）标注尺寸：在给定的尺寸线上画出箭头，填写尺寸数字或角度数字（数值按1∶1从图中量取整数）。

①线性尺寸

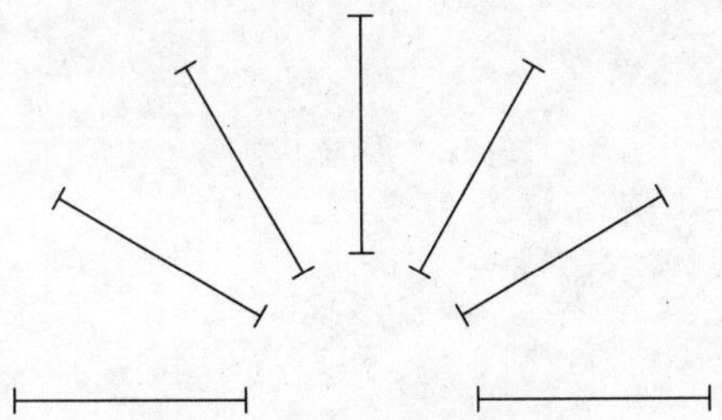

③综合练习

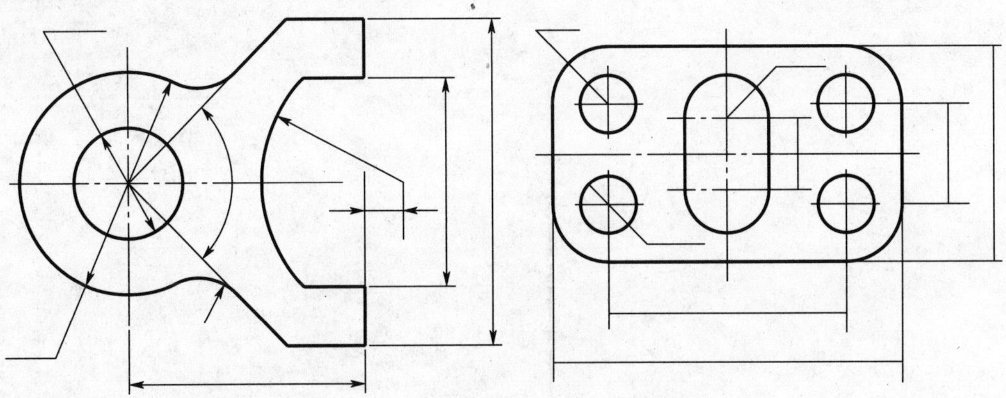

②角度尺寸

（2）分析下面左图中尺寸标注的错误，并在右图中正确标注。

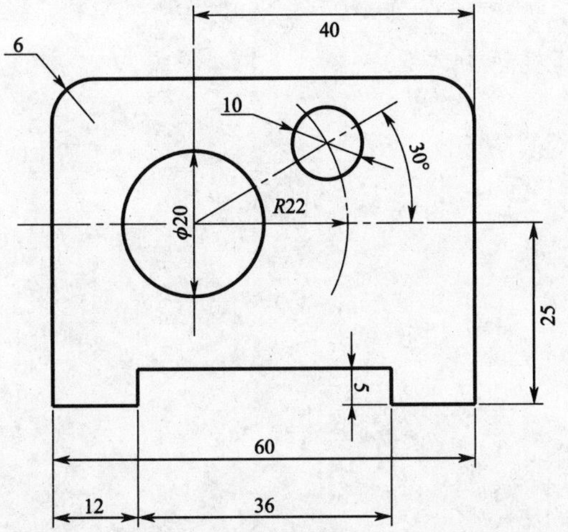

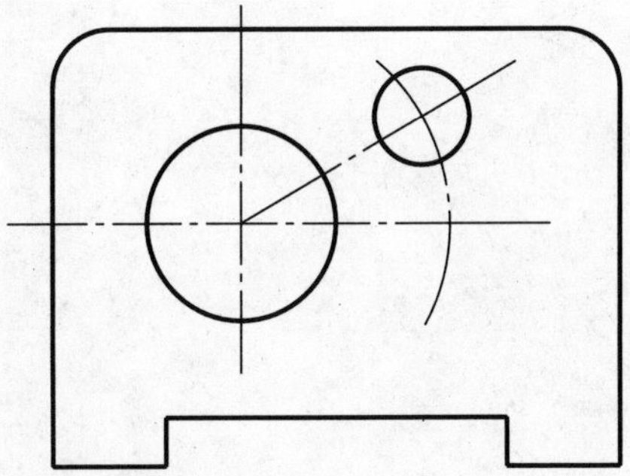

学习情境二　绘制几何图形

任务一　绘制平面图形

1．几何作图及平面图形的画法。

（1）在下图①中作内接正六边形，用圆规取等分点，保留作图线；在图②中用三角板作圆的外切正六边形。

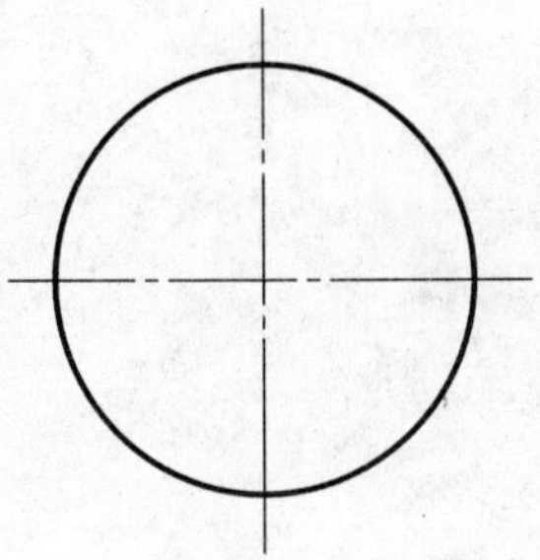

①有对角顶点在水平点画线上

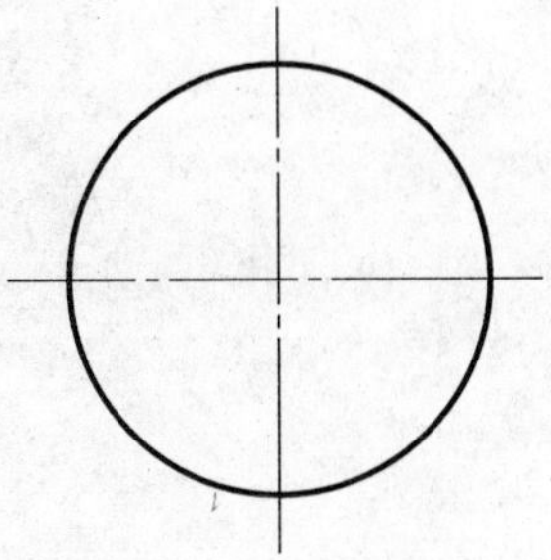

②有对角顶点在垂直点画线上

（2）识读下图右侧平面图形，按1∶1在左边画全图形的轮廓，不标注尺寸。

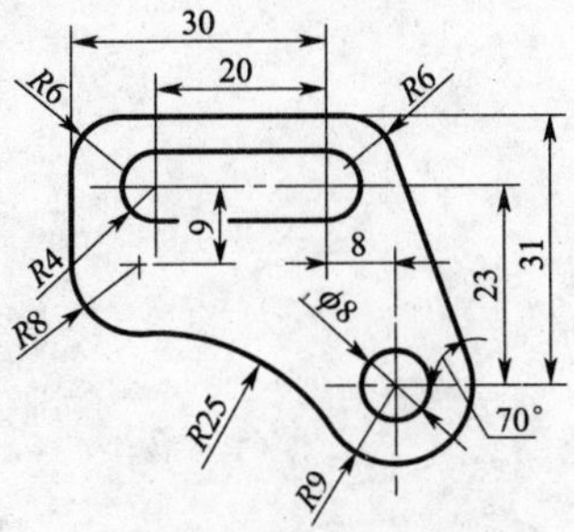

（3）按下图中给定的尺寸用1∶1完成图形。

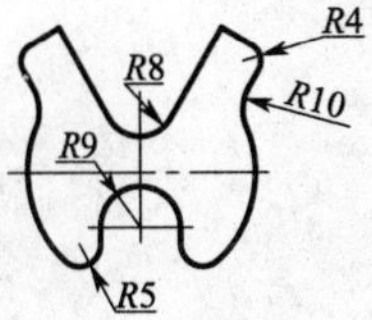

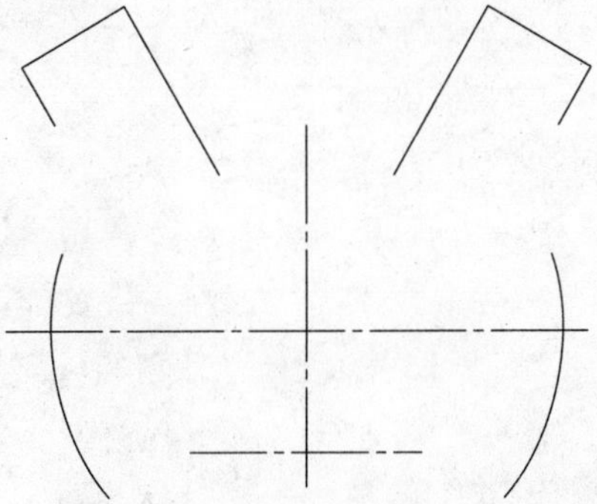

班级：　　　　学号：　　　　姓名：

（4）参照右上角所示图形，用1∶2的比例在指定位置处画全图形的轮廓，并标注尺寸。

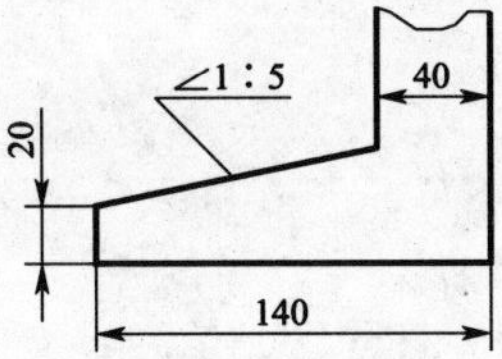

（5）参照下图所示图形，用1∶1的比例在指定位置处画全图形的轮廓。并标注尺寸。

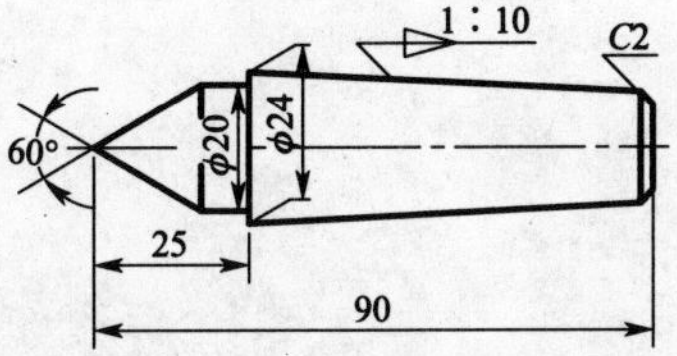

（6）已知椭圆长轴为70mm，短袖为50mm，用四心圆弧法按1∶1的比例画出该椭圆。

（7）分析下面平面图形，指出尺寸基准，并近似测量后在图中标注尺寸。

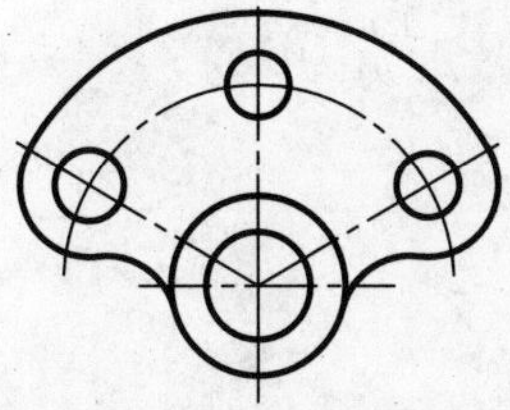

班级：　　　　学号：　　　　姓名：

2．平面图形的大作业。

基本训练作业指导

1．目的与要求

（1）目的：掌握国家标准《技术制图》的有关内容，掌握使用绘图仪器和工具的方法。

（2）要求：图形正确，布局适当，线型合格，字体工整，符合国标，图面整洁。

2．内容

（1）抄画线型（不注尺寸）。

（2）从平面图形中任选一个抄画并标注尺寸。

3．图名、图纸幅面、比例

（1）图名：基本练习。

（2）图纸幅面：A3图纸。

（3）比例：1∶1。

4．绘图步骤及注意事项

（1）绘图前应对所画图形仔细分析、研究以确定正确的作图步骤，在图画布置时还应考虑预留标注尺寸的位置。

（2）线型要粗细分明。

（3）图中的汉字均写成长仿宋体。

（4）完成底稿后，经仔细校核后方可加深。

（1）线型训练

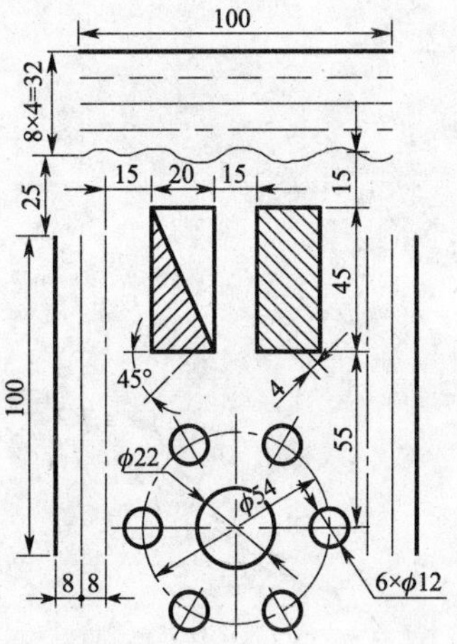

（2）平面图形。

①

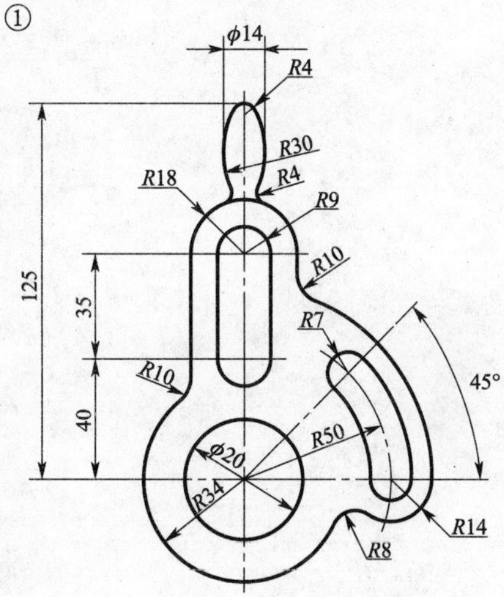

②

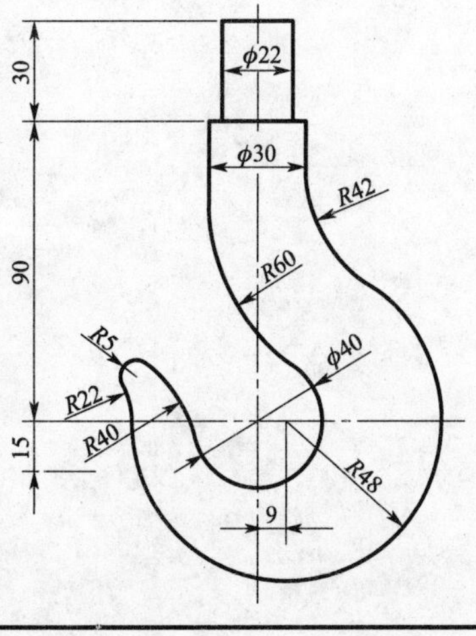

③

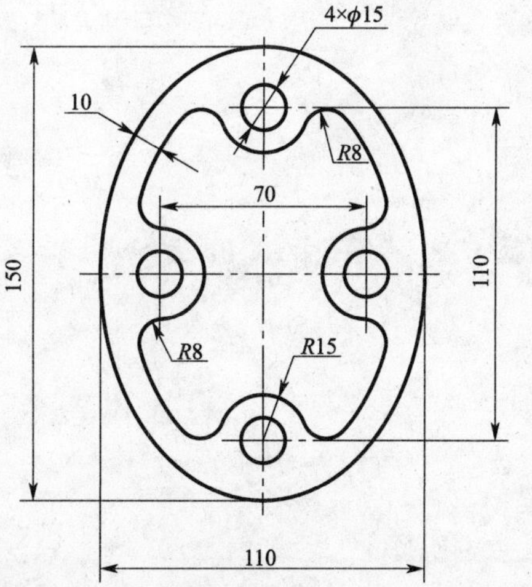

班级：　　　　学号：　　　　姓名：

任务二　绘制简单物体的三视图

1．根据观察立体的看图方向选择对应的平面视图。

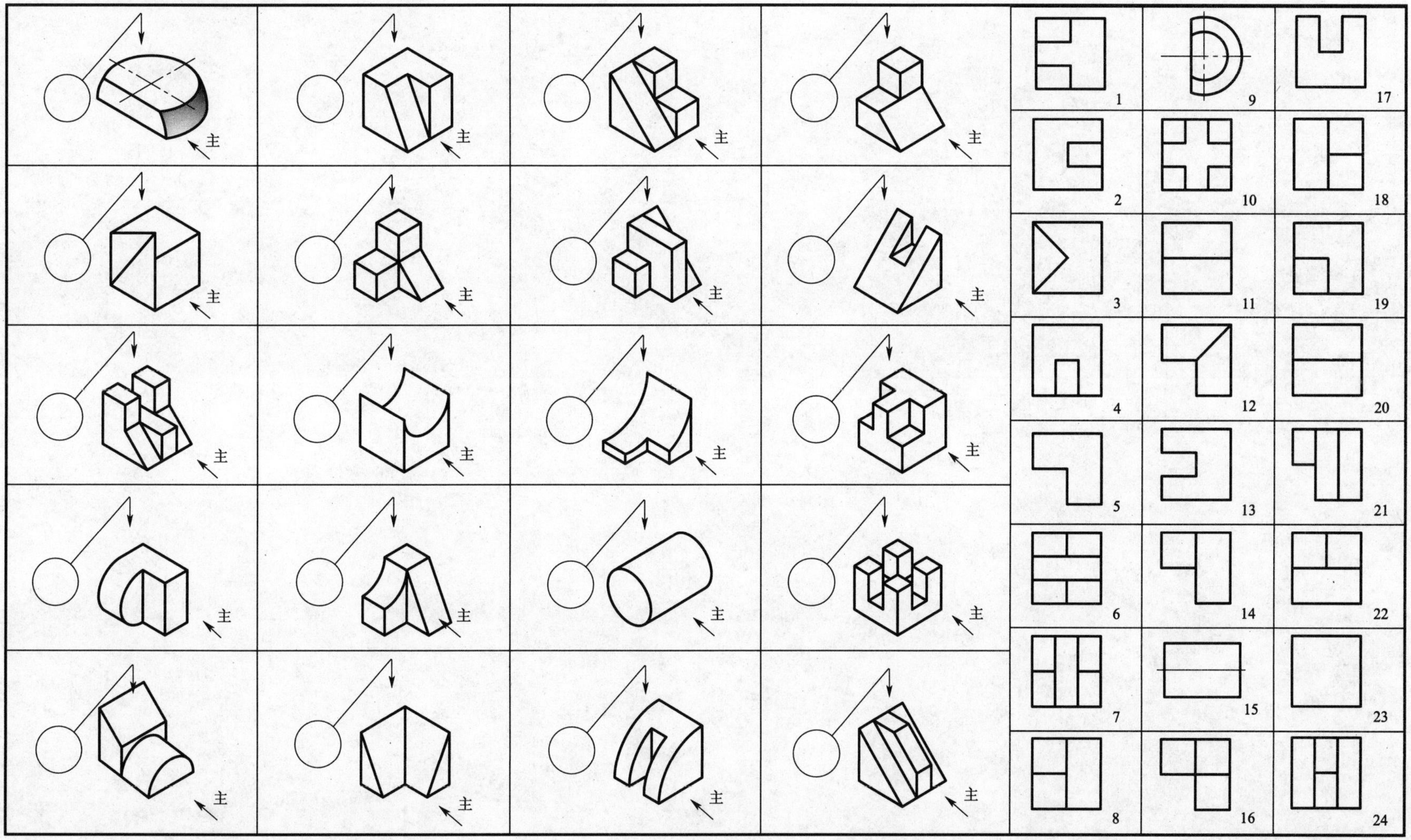

班级：　　　　　　　　学号：　　　　　　　　姓名：

2．由三视图找出对应的立体，并用箭头标出主视方向。

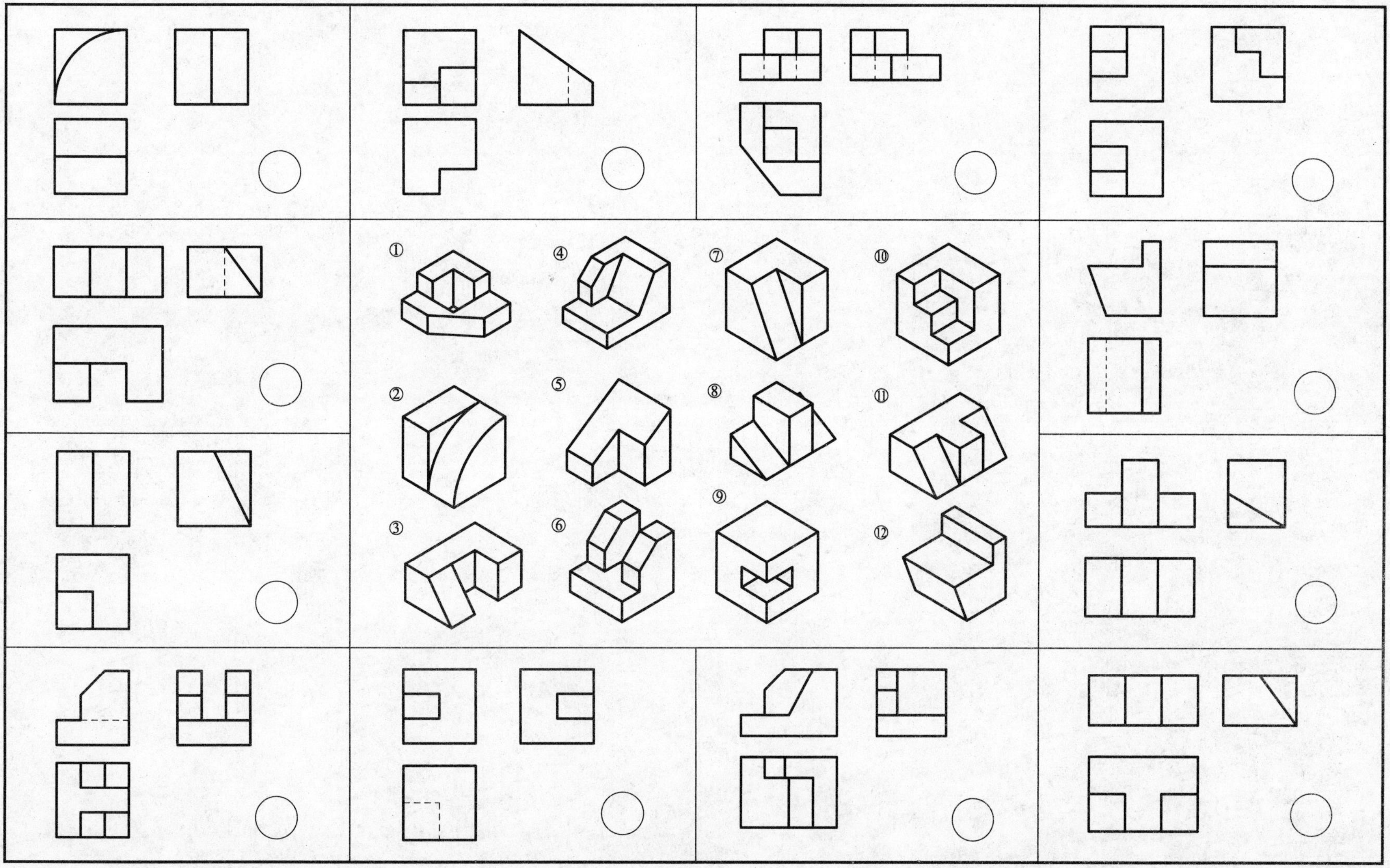

班级：　　　　学号：　　　　姓名：

3．根据立体图、已知视图、尺寸，补画所缺视图。

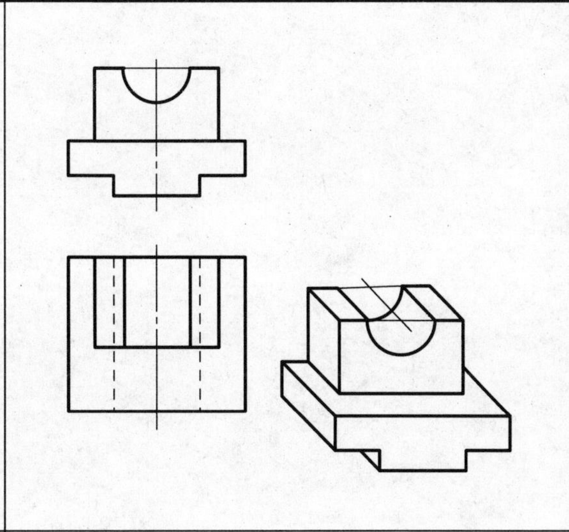

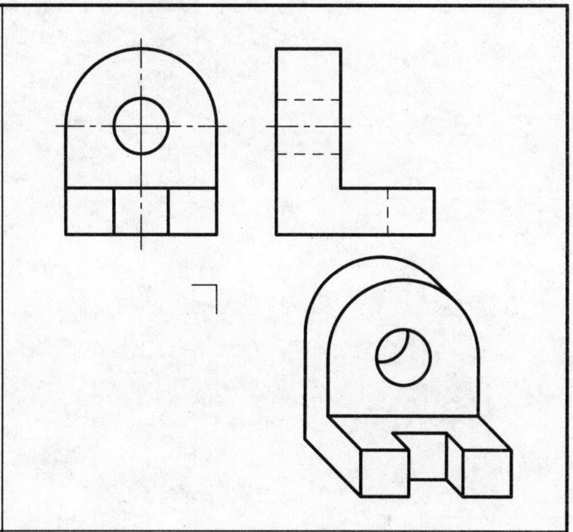

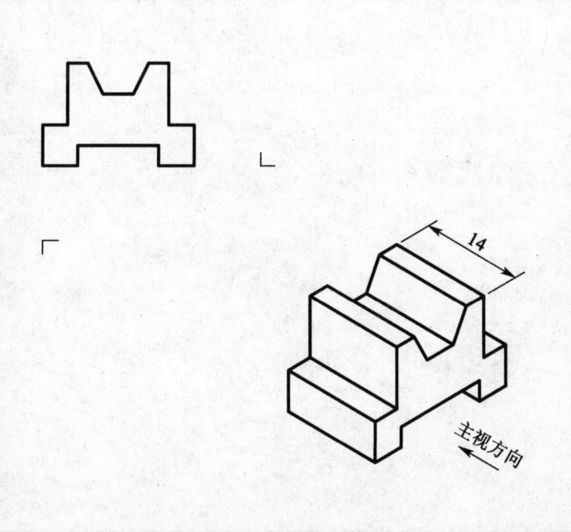

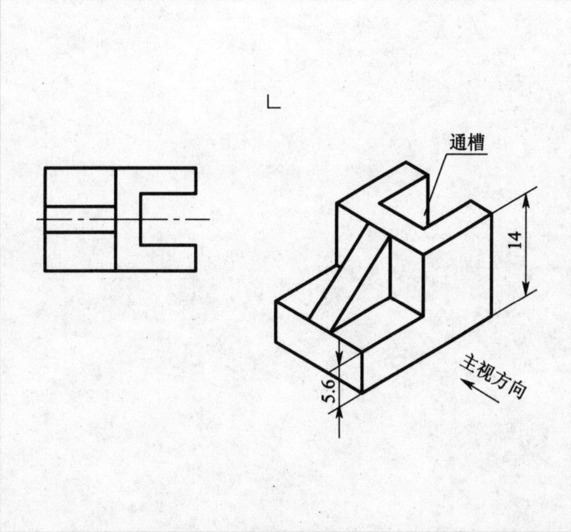

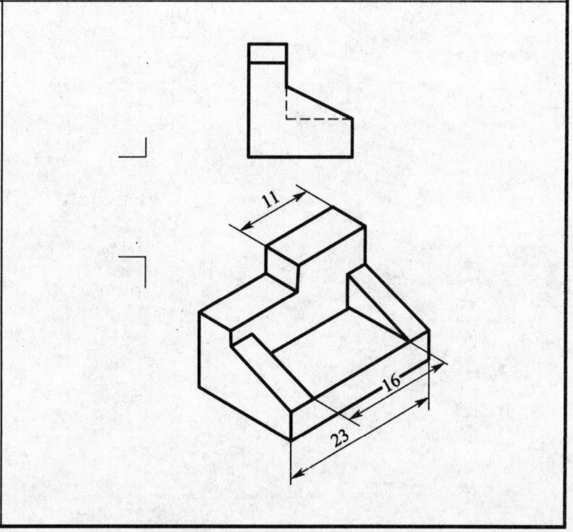

班级：　　　　学号：　　　　姓名：

4. 根据立体图，量出尺寸并画出三视图（尺寸取整数）。

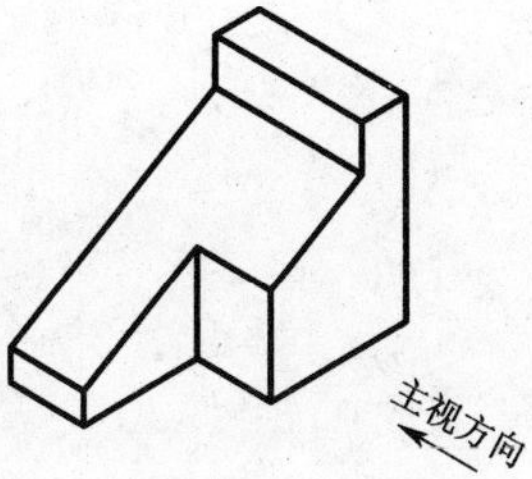

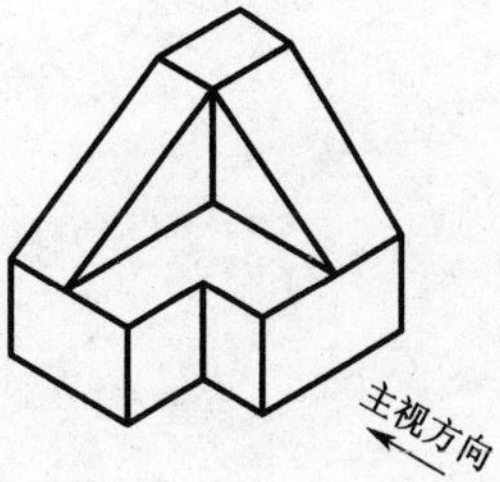

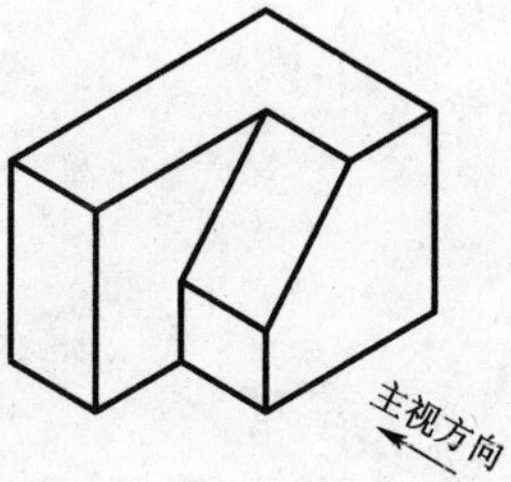

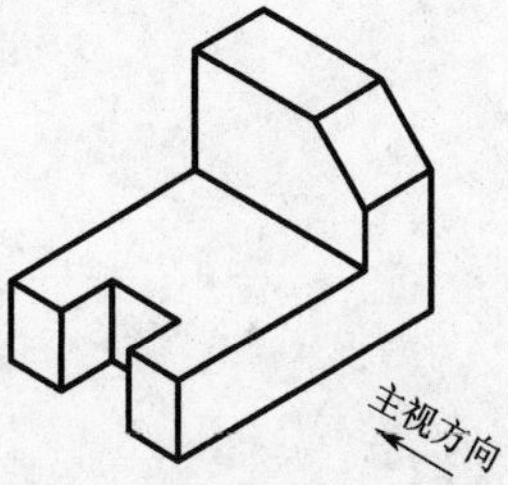

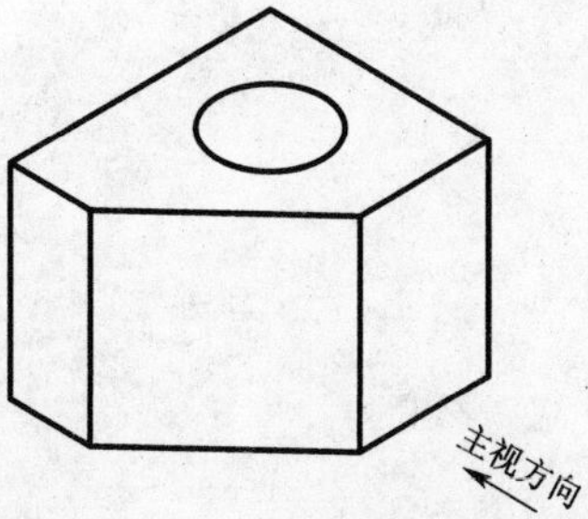

班级：　　　　学号：　　　　姓名：

5．点的投影。

（1）根据直观图作出A、B两点的三面投影（坐标值从图中量取），并选择填空。

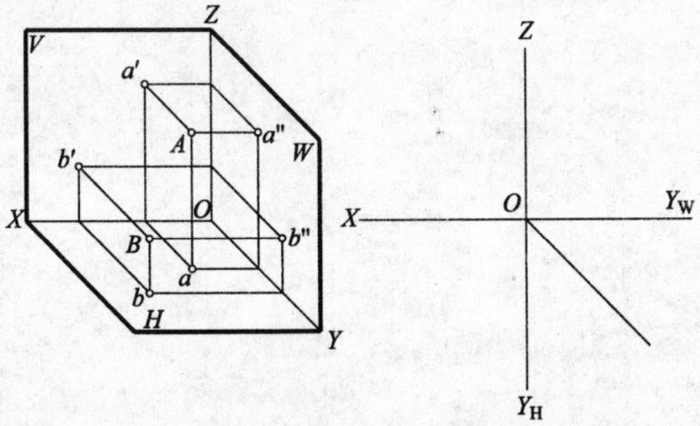

（左、右_____mm），
A点在B点的（前、后_____mm），
（上、下_____mm）。

（2）已知A（10，18，20）、B（20，10，8）两点，画出这两点的三面投影及直观图，并选择填空。

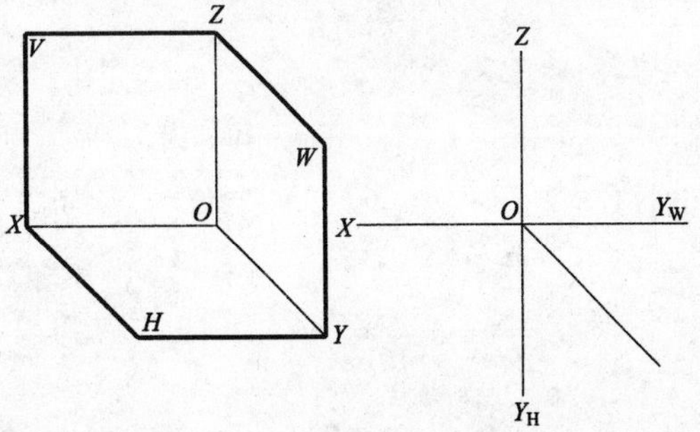

（左、右_____mm），
A点在B点的（前、后_____mm），
（上、下_____mm）。

（3）已知各点的两面投影，作出第三面投影，并分析各点的相对位置后填空。

①

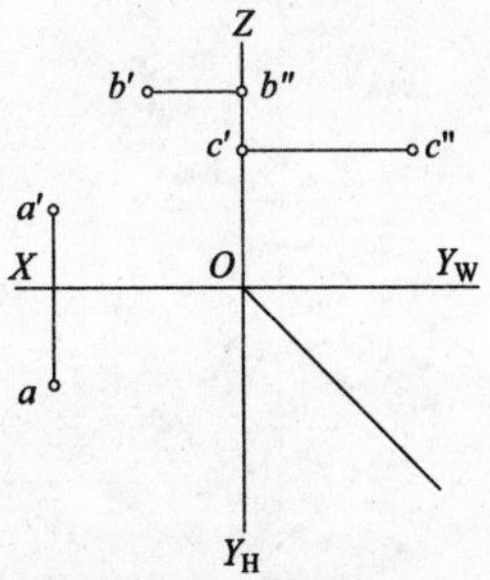

	左中右	前中后	上中下
A			
B			
C			

②

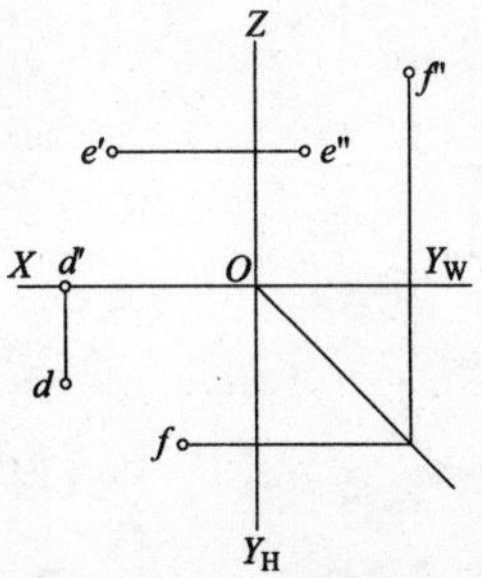

	左中右	前中后	上中下
A			
B			
C			

（4）求各点的第三面投影，并比较其相对位置。

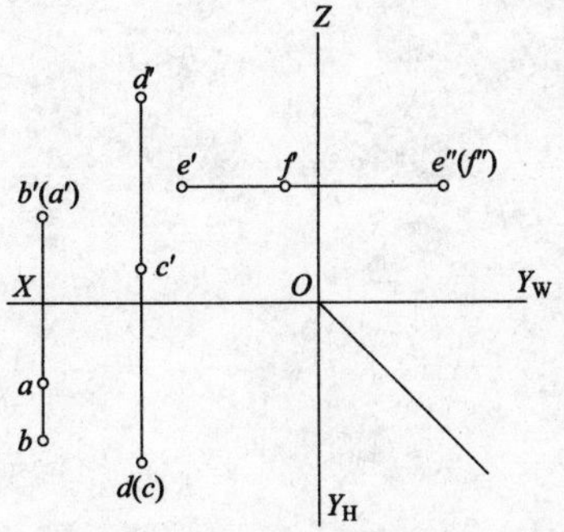

点A在点B正____方____mm
点C在点D正____方____mm
点E在点F正____方____mm

（5）根据点的相对位置作出两点B、C的投影，并判别重影点的可见性。

① 点B在点A之左20mm、之前10mm、之下15mm。

② 点C在点A的正右方12mm。

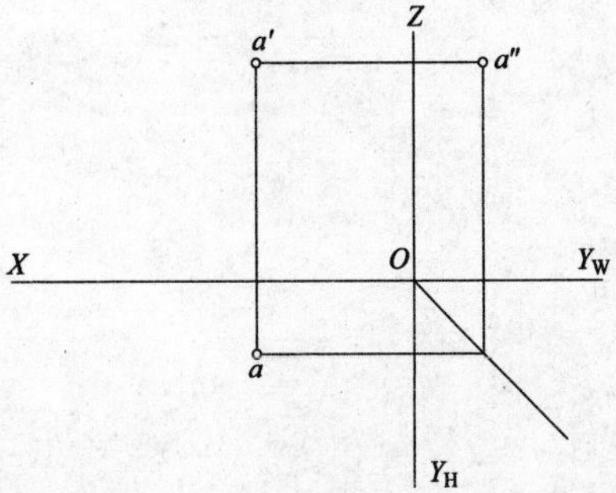

（6）在物体的三视图中，标出点A、B、C、D、E的三面投影。

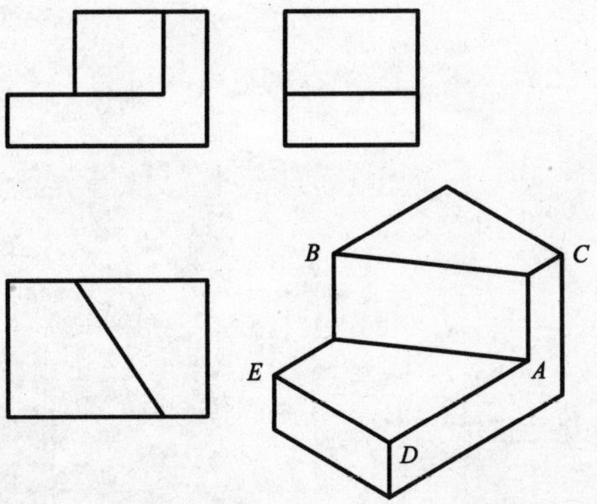

班级：　　　　学号：　　　　姓名：

6．直线的投影。

（1）已知立体及其三视图，在三视图中标出A、B、C三点的三面投影，并分析各AB、AC、BC的相对位置后填空。

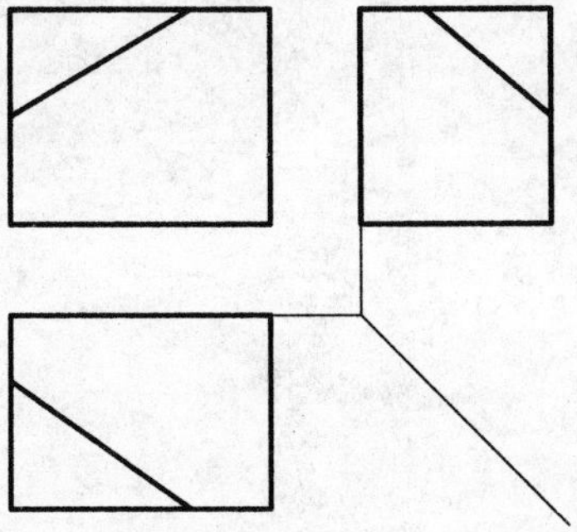

AB是________线；
AC是________线；
BC是________线。

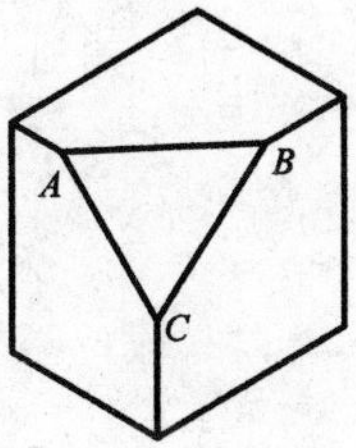

（2）判别三棱锥线对投影面的相对位置，并画出第三投影。

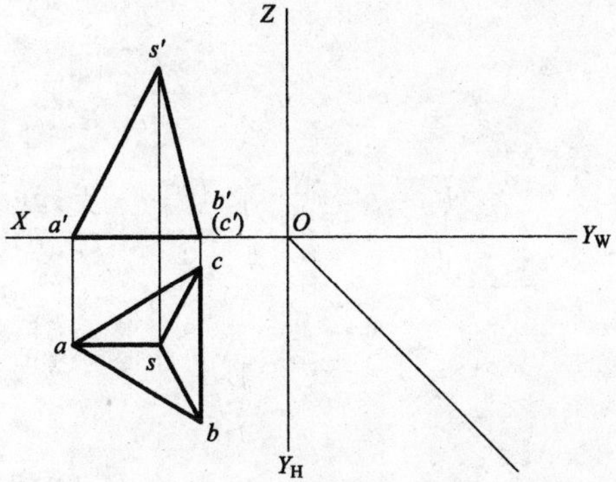

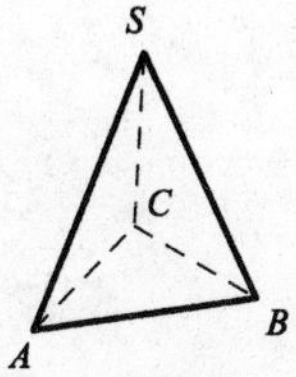

SA是________线；　SB是________线；　SC是________线；

AB是________线；　BC是________线；　AC是________线。

（3）判别直线端点的可见性及两直线的相对位置。

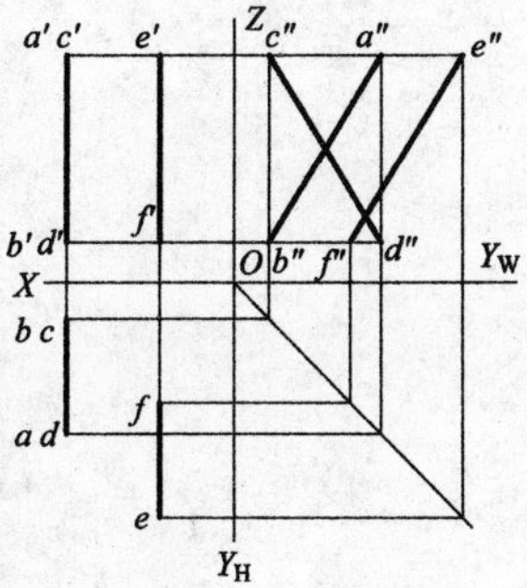

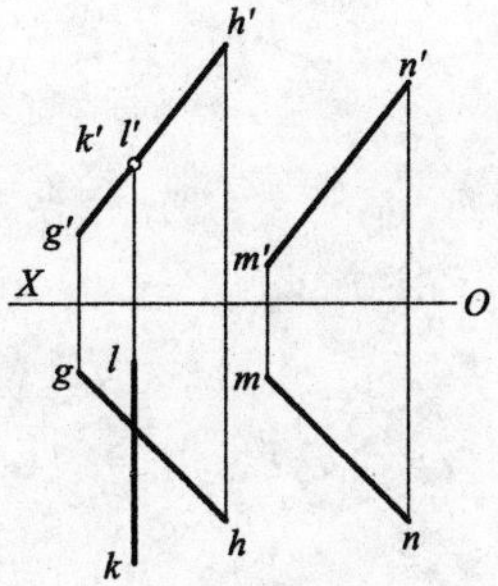

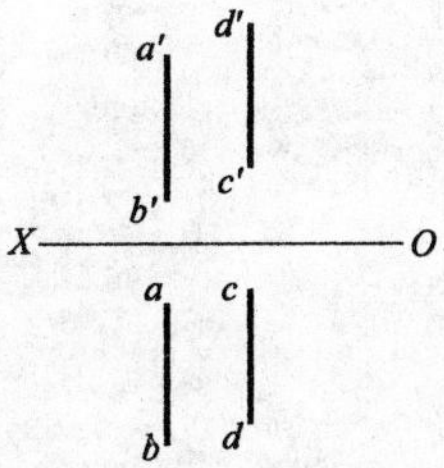

AB、CD是________线；　GH、KL是________线；　AB、CD是________线；

AB、EF是________线；　GH、MN是________线；　AB是________线；

CD、EF是________线。　KL、MN是________线。　CD是________线。

（4）已知矩形ABCD，AD∥H面，试完成其投影。

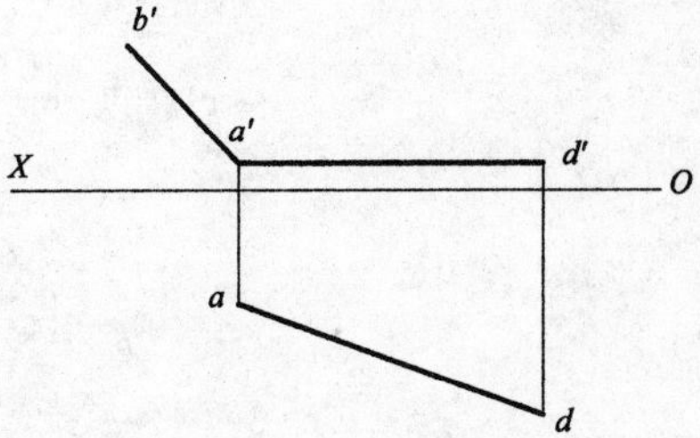

班级：　　　　　　学号：　　　　　　姓名：

7．面的投影。

（1）在立体图或投影图上，用字符标出平面*A*、*B*、*C*（如平面*P*），并填空。

①

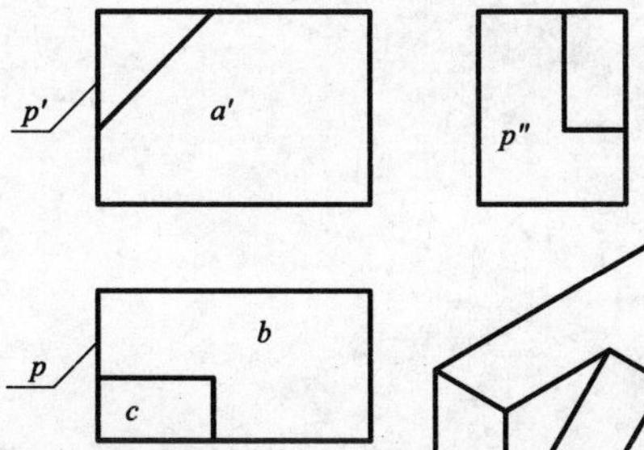

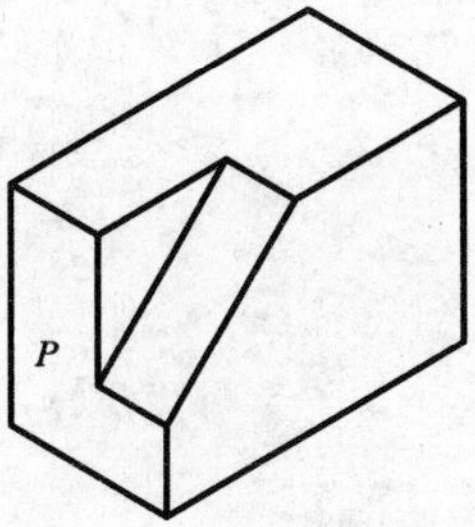

面*P*是侧平面；
面*A*是____面；
面*B*是____面；
面*C*是____面。

②

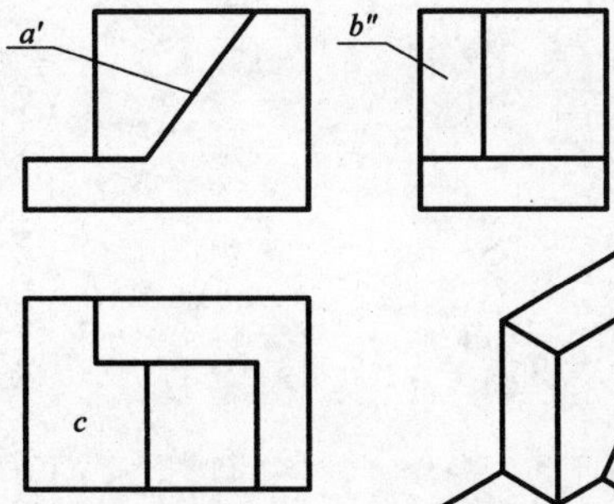

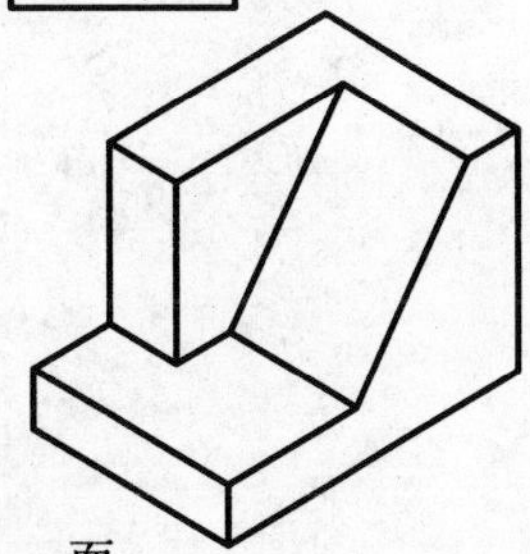

面*A*是____面；
面*B*是____面；面*C*是____面。

③

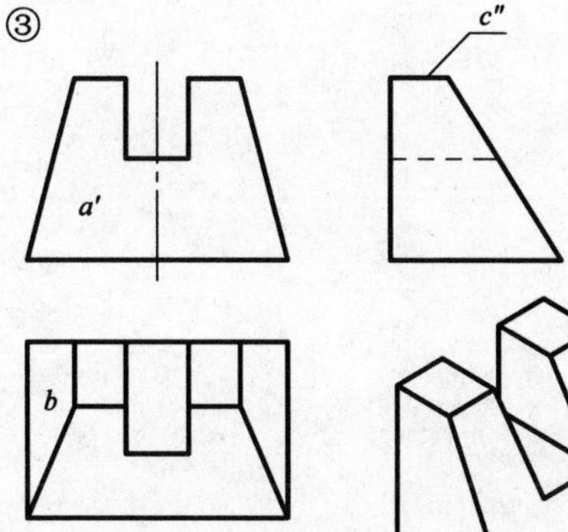

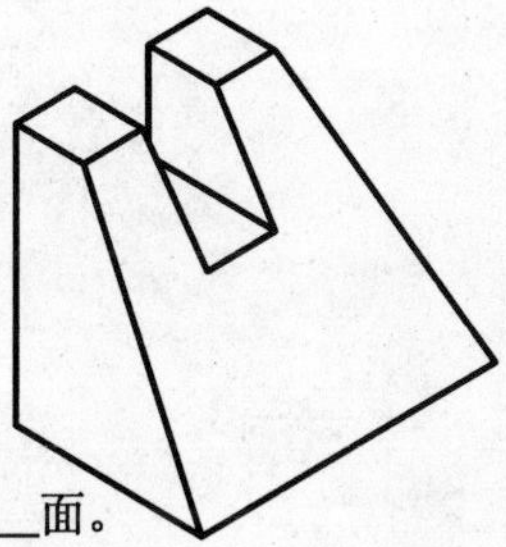

面*A*是____面；
面*B*是____面；面*C*是____面。

（2）填写下列平面相对于投影面的空间位置名称。

①

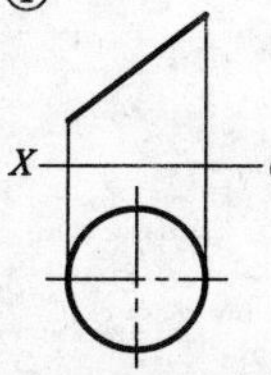

②

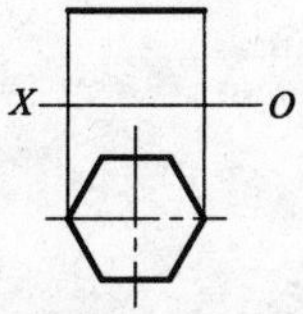

③

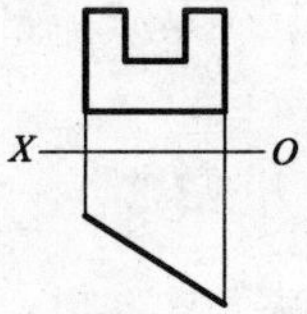

平面是____面。平面是____面。平面是____面。

④

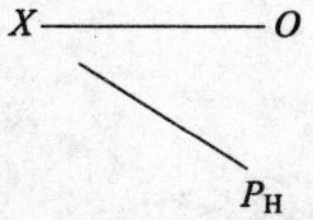

⑤

⑥

*P*面是____面。*Q*面是____面。*R*面是____面。

（3）完成平面的第三投影，并填空。

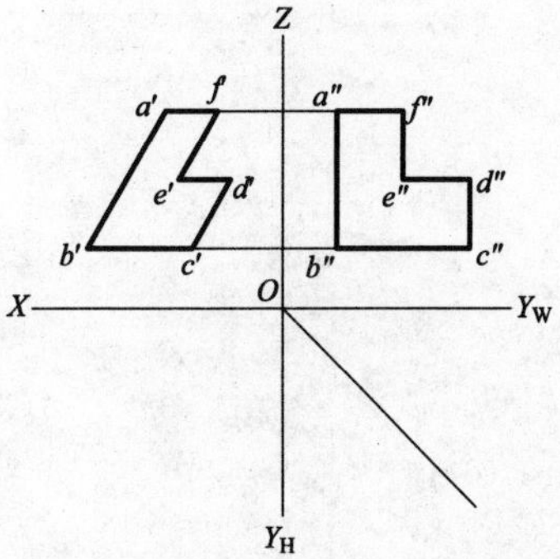

该平面是____；*AB*是____线；
*BC*是____线。

（4）完成三棱锥的侧面投影，并分析各平面的空间位置。

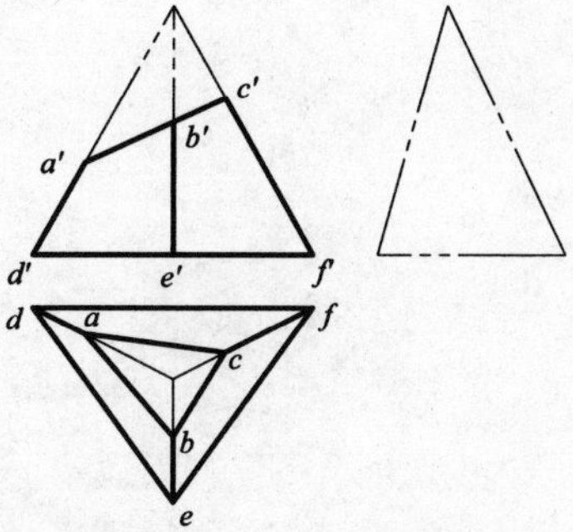

平面*ABC*是____面；　平面*ABED*是____面；
平面*DEF*是____面；　平面*ACFD*是____面。

班级：　　　　　学号：　　　　　姓名：

8．立体的三视图。

（1）作六棱柱左视图，并作出表面上的折线*ABCD*的水平投影和侧面投影，判别可见性。

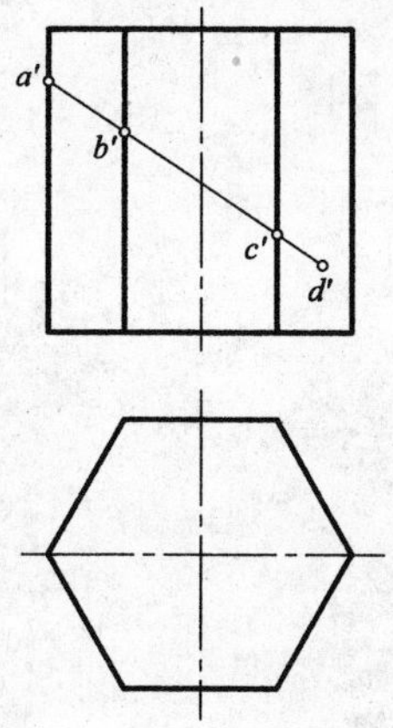

（2）作五棱柱主视图，并作出表面上的折线*ABCD*的水平投影和正面投影，判别可见性。

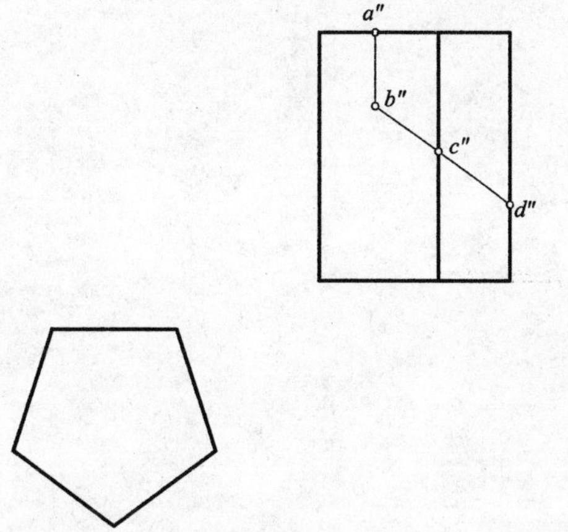

（3）作三棱锥左视图，并作出表面上的折线*ABC*、点*M*的水平投影和侧面投影，判别可见性。

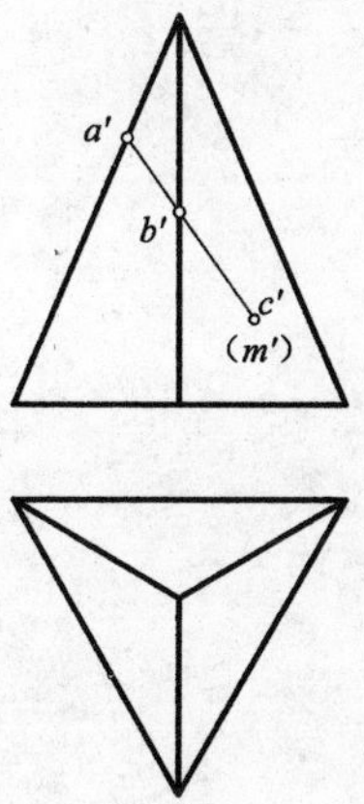

（4）求作圆柱表面上的直素线*AB*、圆弧*BCD*、点*M*的其余两投影，判别可见性。

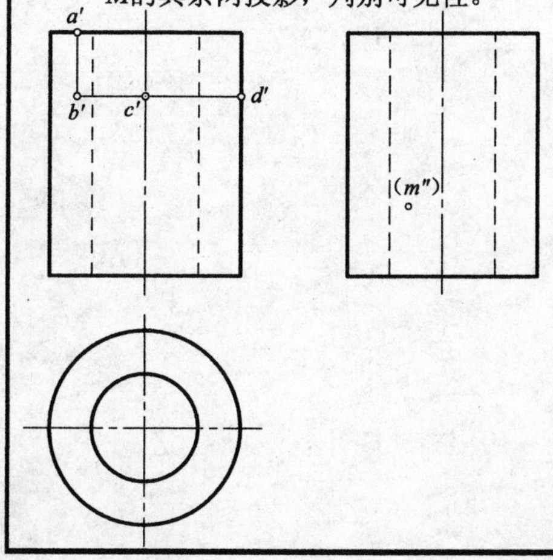

（5）求作圆柱表面上的直素线*AB*、圆弧*BCD*、点*M*的其余两投影，判别可见性。

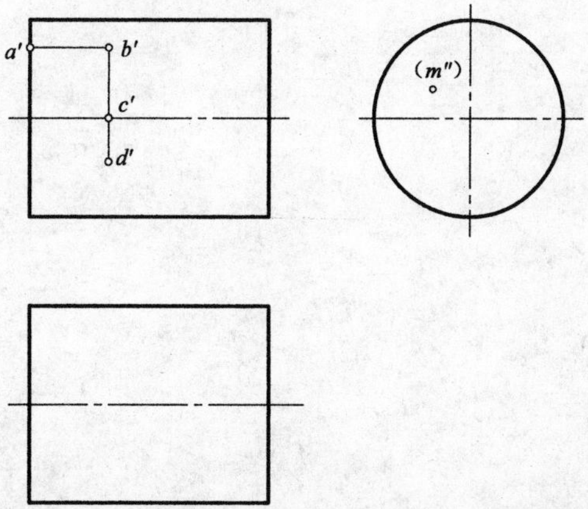

（6）求作圆锥台表面上的直素线*AB*、圆弧*ABC*、点*M*的其余两投影，判别可见性。

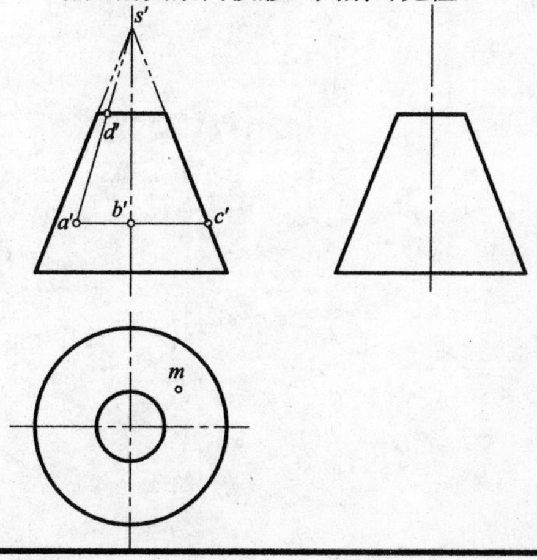

班级：　　　　　　学号：　　　　　　姓名：

(7) 求作圆锥表面上的直素线SA、圆弧ABC、点M的其余两投影，判别可见性。

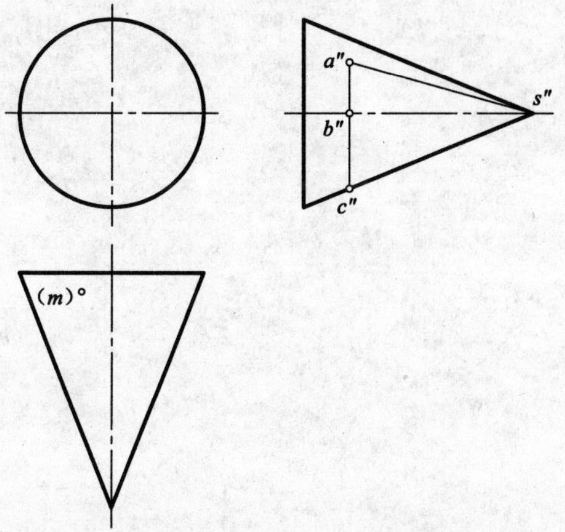

(8) 求作圆球表面上的点A、B、C、D的其余两投影，判别可见性。

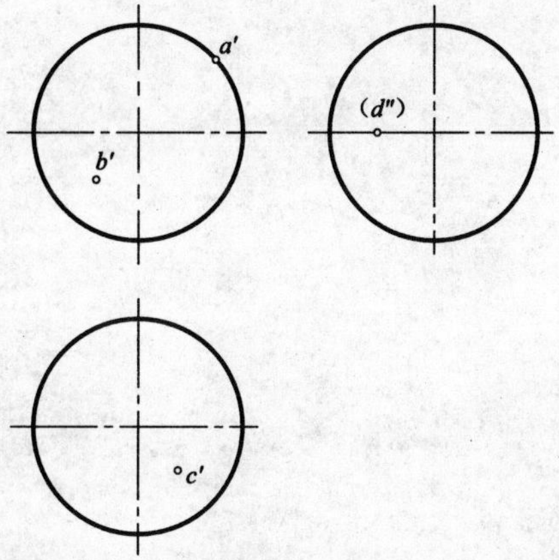

(9) 求作半球表面上的圆弧AB及圆弧BC的其余两投影，判别可见性。

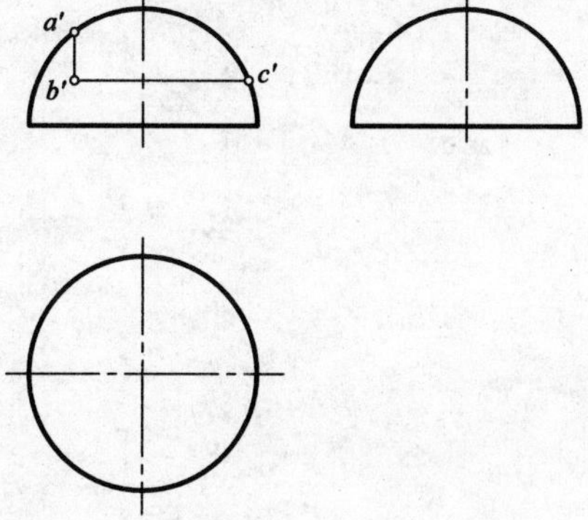

班级：　　　　学号：　　　　姓名：

9. 立体表面的交线。

（1）求作三棱柱切割后的左视图。

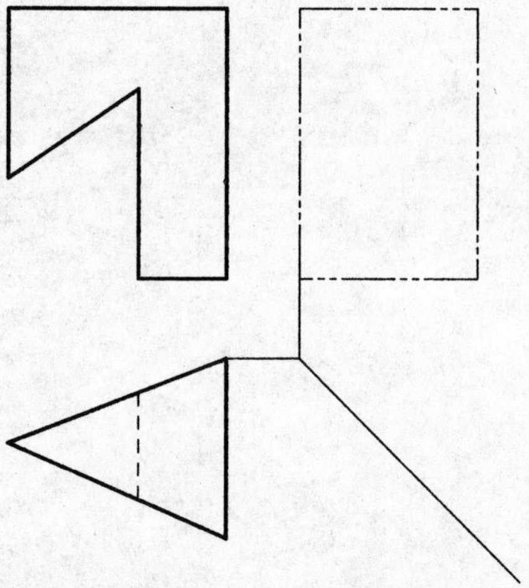

（2）求作正四棱柱切割后的俯视图。

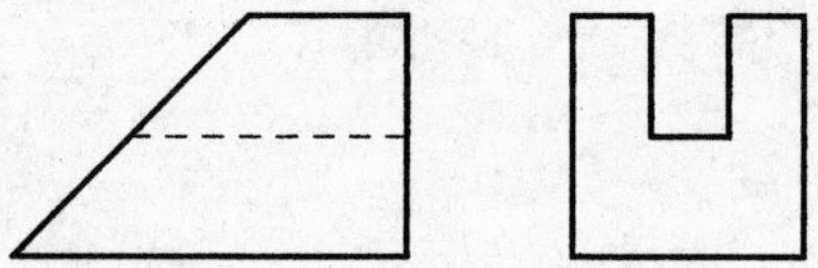

（3）求作正六棱柱切割后的左视图。

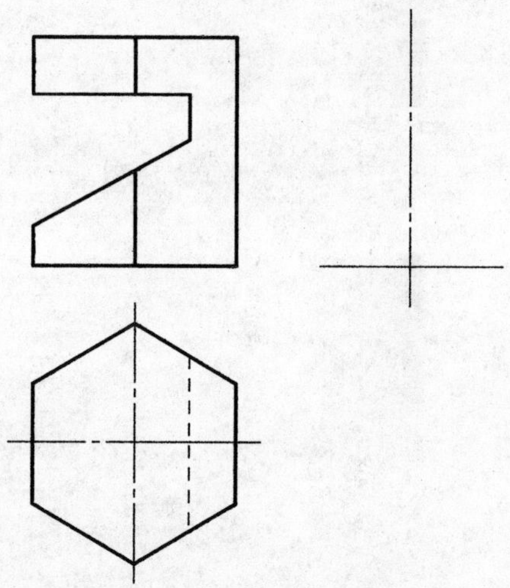

班级：　　　　　　学号：　　　　　　姓名：

（4）求作正六棱柱切割后的左视图所缺图线及补画俯视图。

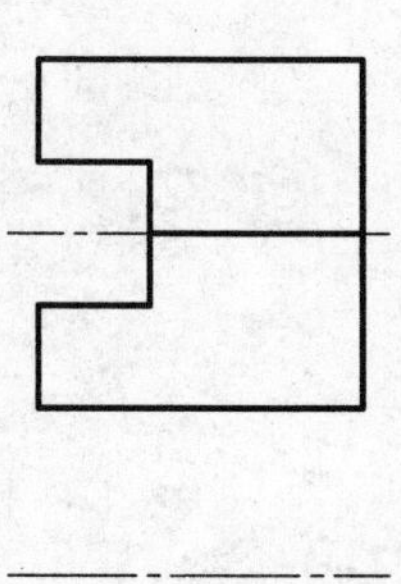

（5）求作正三棱锥切割后的俯视图所缺图线及补画左视图。

（6）求作四棱柱切割后的左视图。

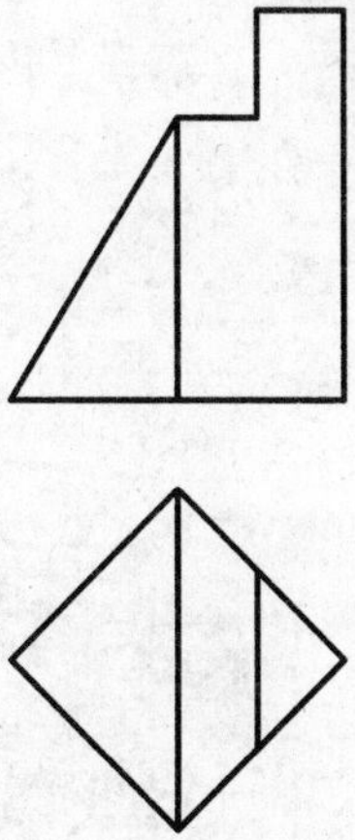

（7）求作切割体的俯视图。

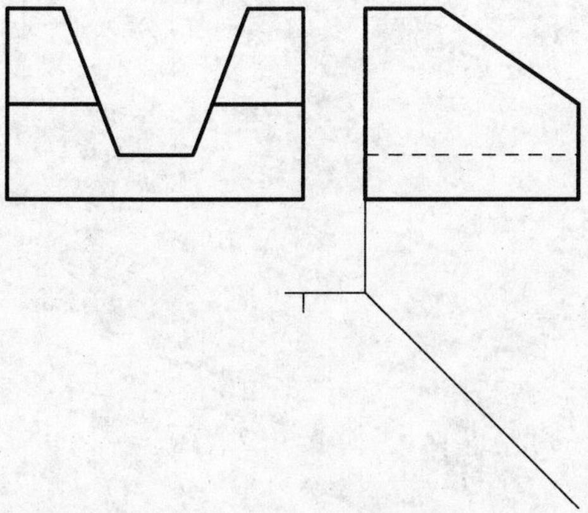

（8）求作圆柱切割体的左视图。

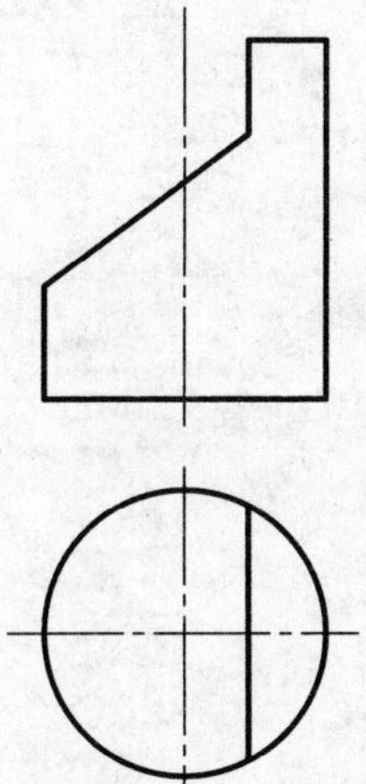

（9）求作圆柱切割体的左视图。

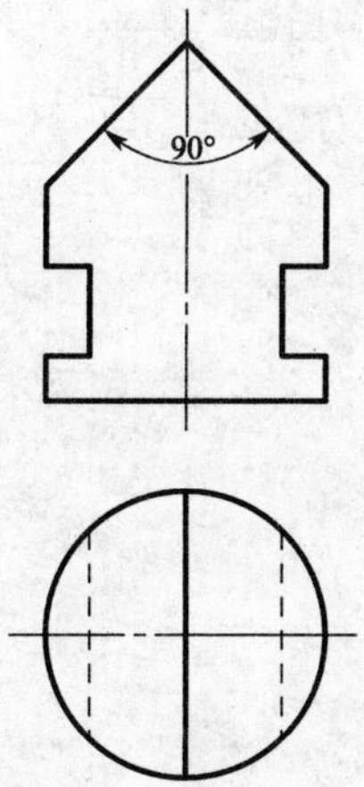

（10）求作圆柱切割后的左视图。

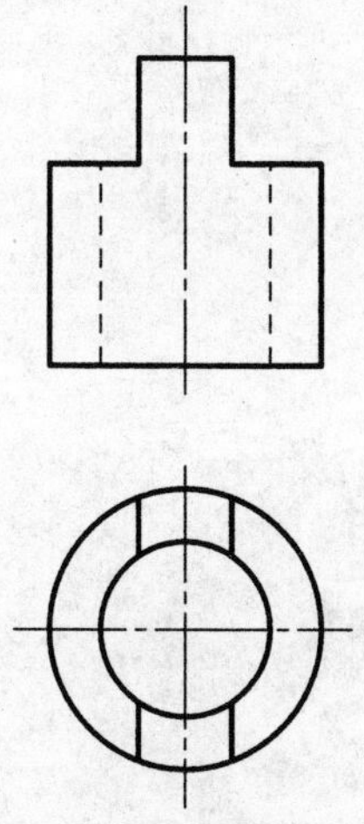

（11）求作圆柱切割后的左视图。

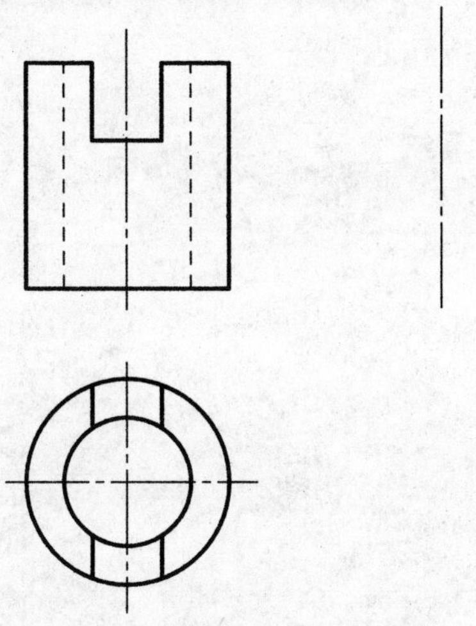

（12）求作圆锥切割体的三视图。

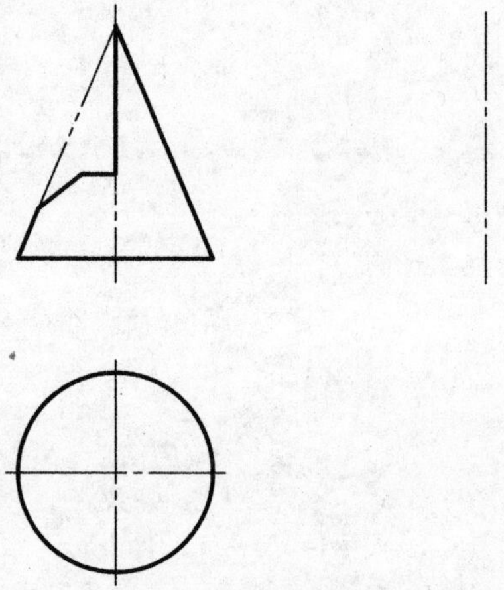

（13）求作切割后的俯、左视图。

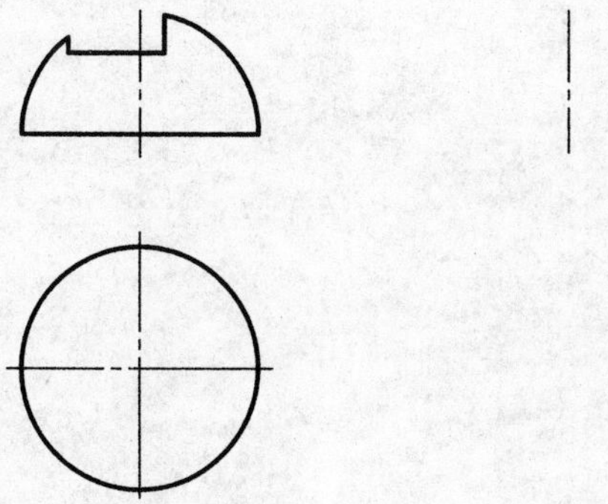

（14）求作切割后的左、俯视图。

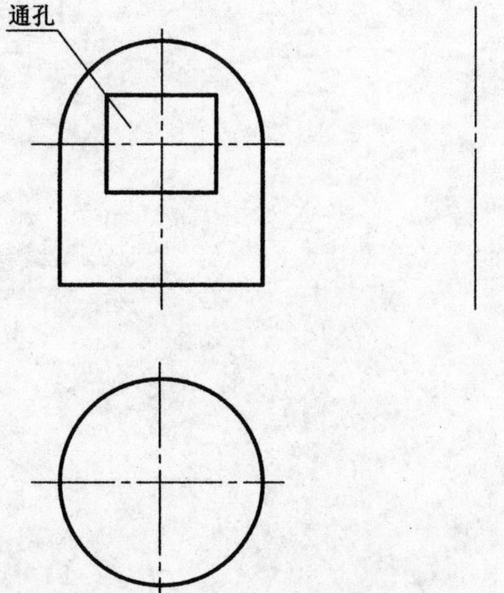

（15）求作切割后的俯视图。

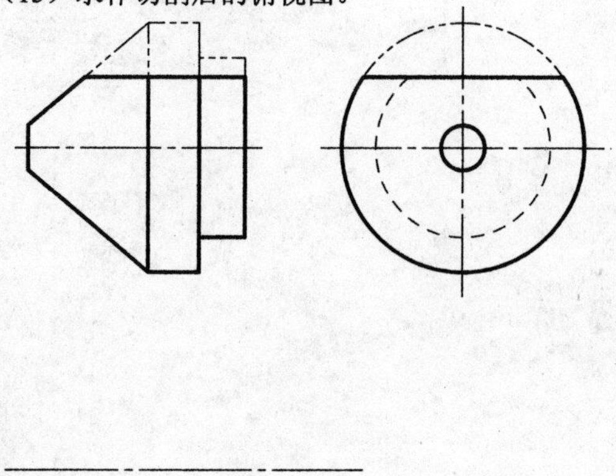

班级：　　　　学号：　　　　姓名：

（16）求作切割后的左视图。

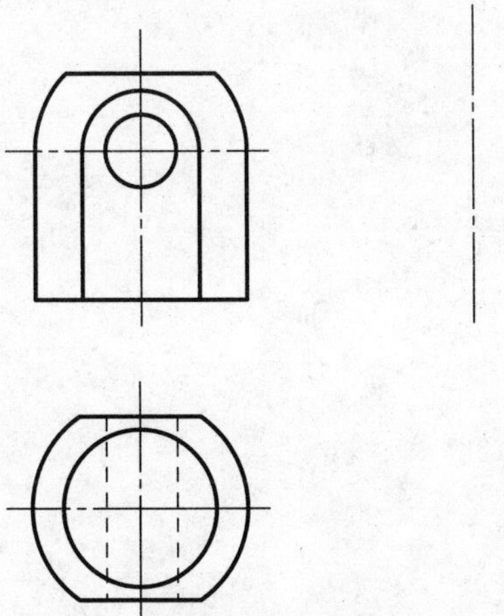

（17）求作正交圆柱的相贯线。

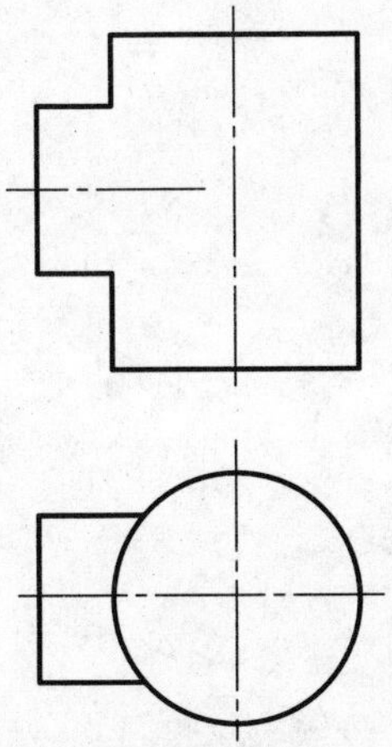

（18）求作正交圆柱筒的相贯线。

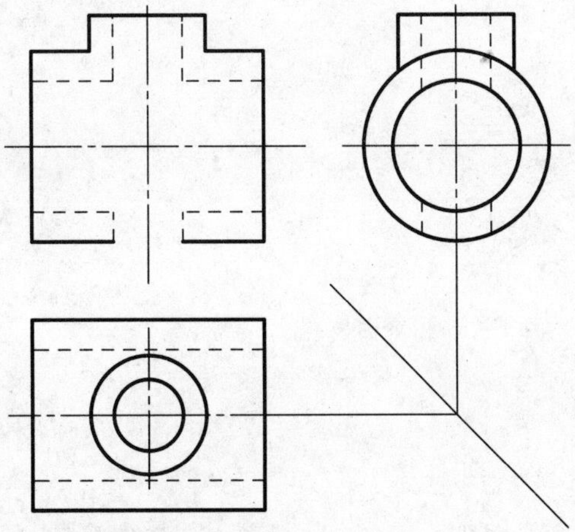

（19）求作圆柱筒的相贯线。

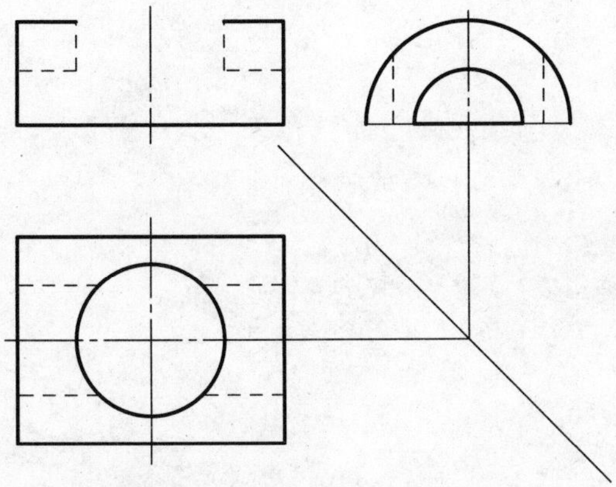

（20）求作主视图中的相贯线。

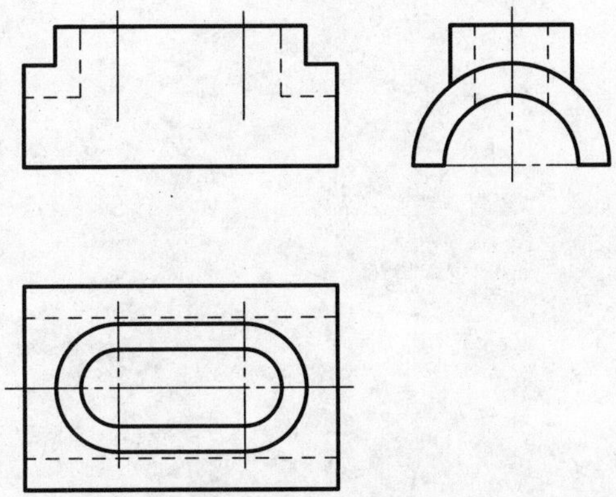

（21）求作左视图中的相贯线。

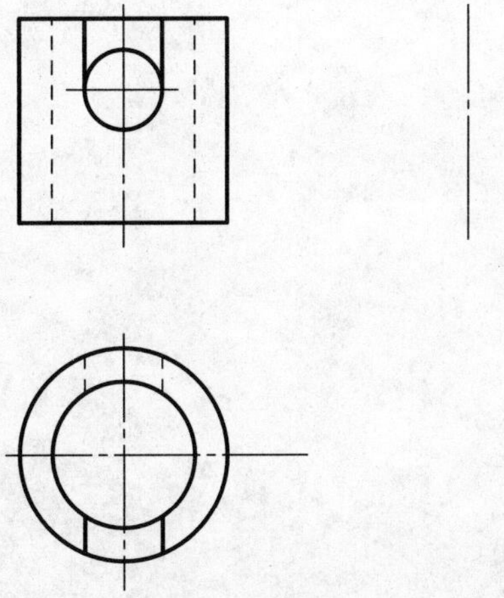

班级：　　　　　　学号：　　　　　　姓名：

（22）求作相贯线。

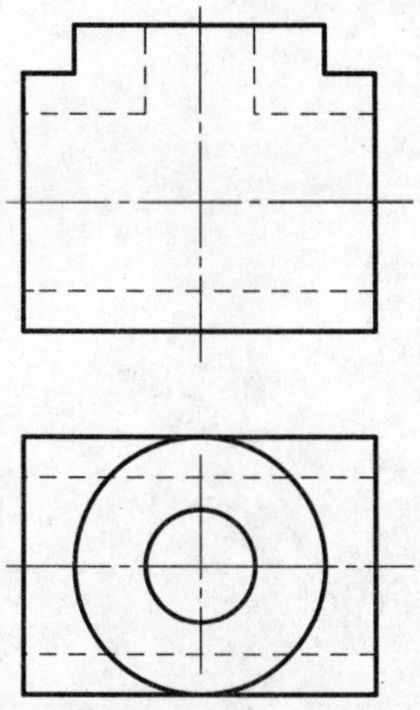

（23）求作相贯线。

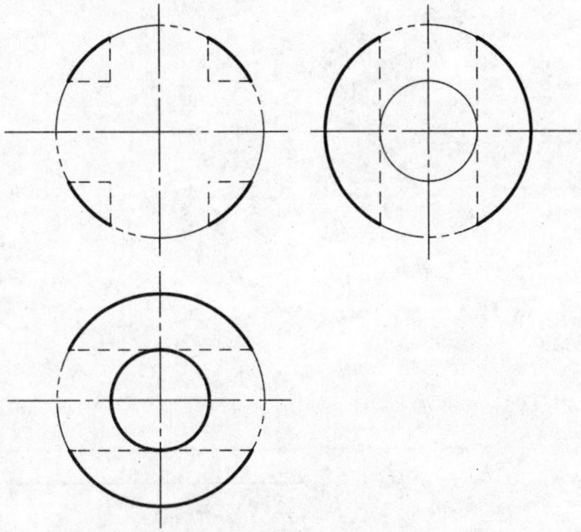

（24）求作下列物体的相贯线。

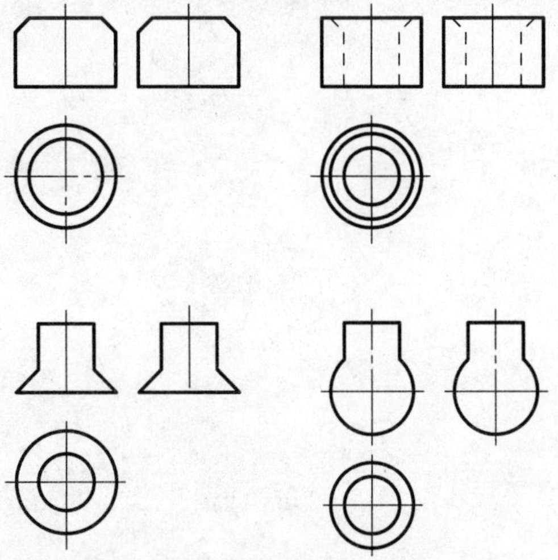

（25）求作物体左视图中的相贯线。

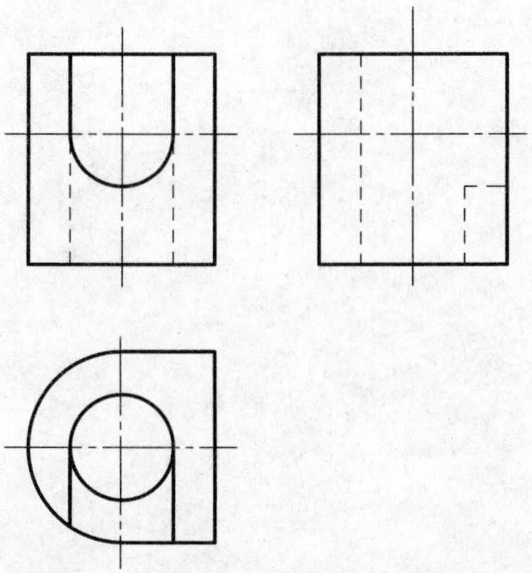

（26）求作三视图中的相贯线。

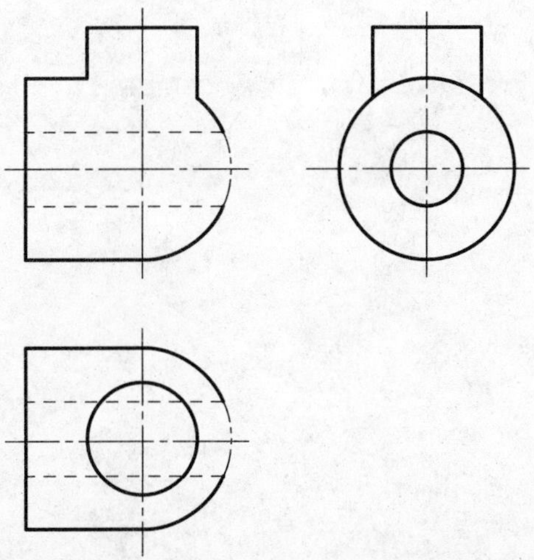

（26）求作左视图中所缺的相贯线等。

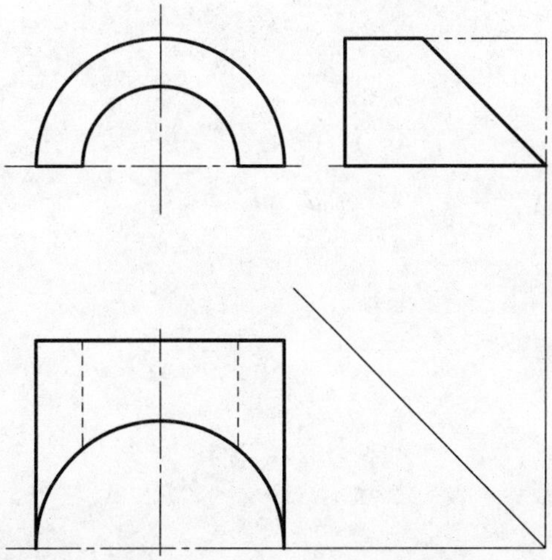

班级：　　　　　　学号：　　　　　　姓名：

任务三　绘制零件的轴测图

1．平面立体的正等轴测图。

（1）根据轴测图，补全视图中所缺的图线，作出点 *A*、*B*、*C*、*D*及平面*R*的三面投影，并填空。

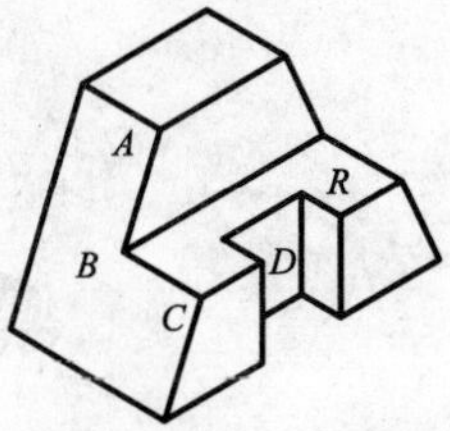

*AB*是______线；
*BC*是______线；
*CD*是______线；
*R*是______面。

（2）根据轴测图，补全视图中所缺的图线，作出点 *A*、*B*、*C*、*D*及平面*T*的三面投影，并填空。

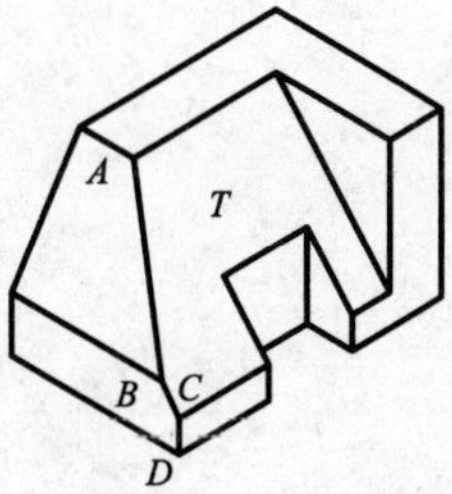

*AB*是______线；
*BC*是______线；
*CD*是______线；
*T*是______面。

（3）根据已知两视图，补画第三视图，并画出其正等轴测图。

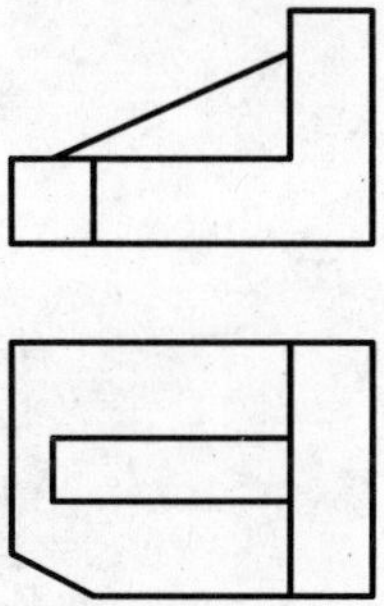

（4）根据已知两视图，补画第三视图，并画出其正等轴测图。

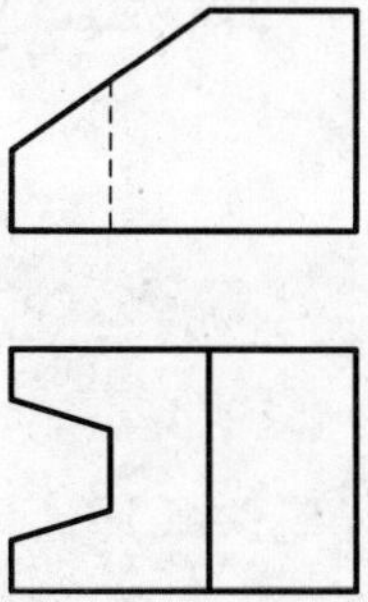

（5）根据已知两视图，补画第三视图，并画出其正等轴测图。

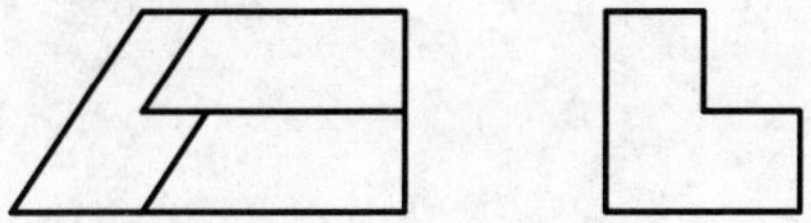

（6）根据已知两视图，补画第三视图，并画出其正等轴测图。

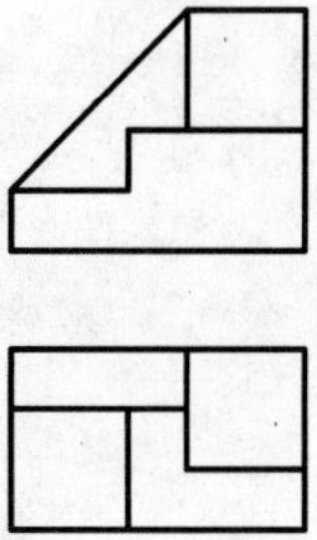

班级：　　　　　　学号：　　　　　　姓名：

2. 回转体及零件的正等轴测图。

（1）根据已知两视图，补画第三视图，并画出其正等轴测图。

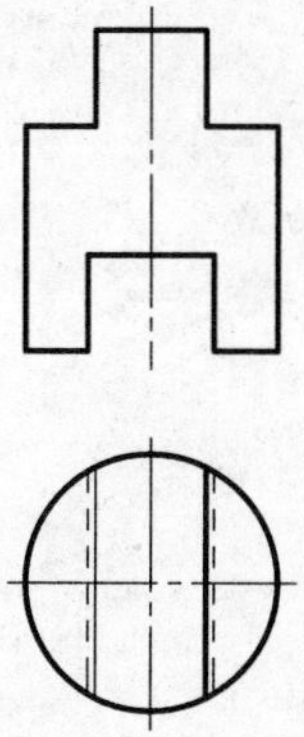

（2）根据已知两视图，画出其正等轴测图，补画第三视图。

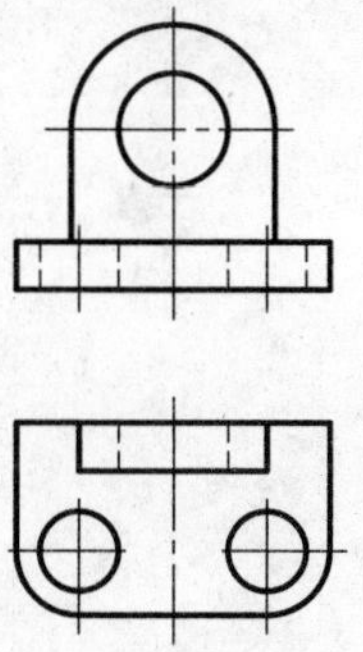

（3）根据已知两视图，徒手画出其正等轴测图，并补画第三视图。

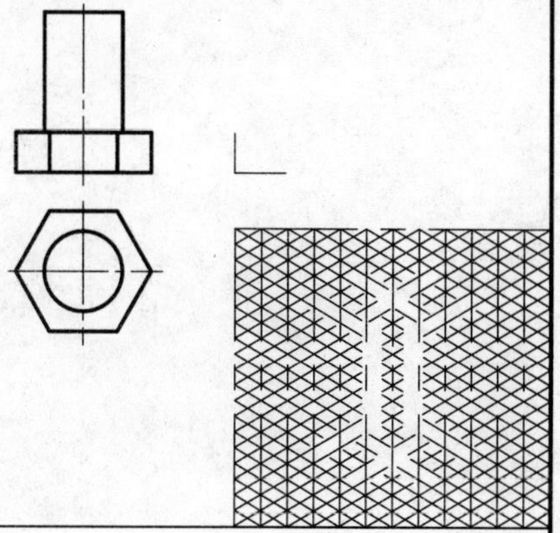

（4）根据已知两视图，徒手画出其正等轴测图，并补画第三视图。

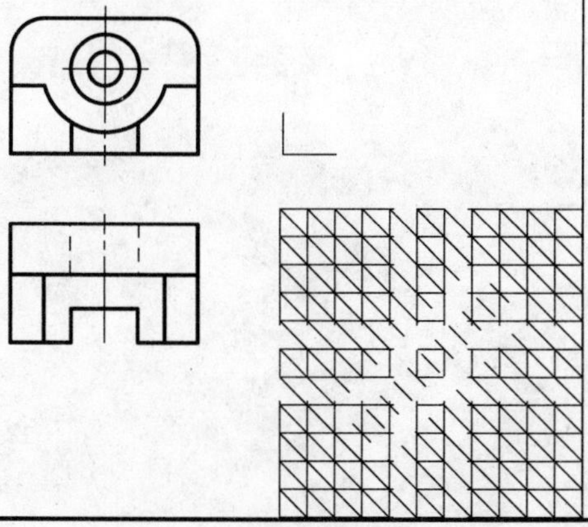

（5）根据已知两视图，补画第三视图，并画出其正等轴测图。

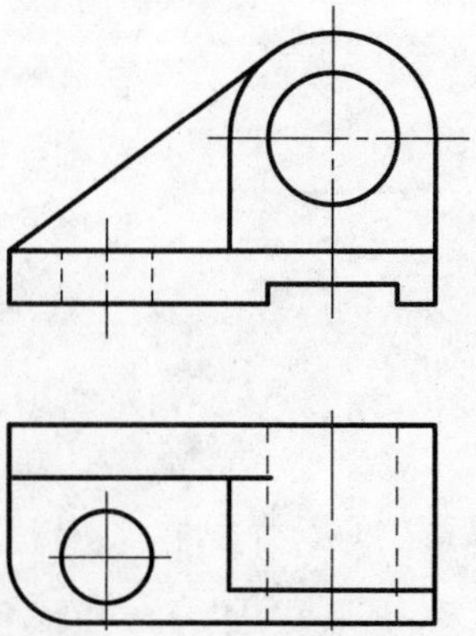

班级：　　　　学号：　　　　姓名：

3. 零件的斜二轴测图。

（1）画出物体的斜二轴测图。

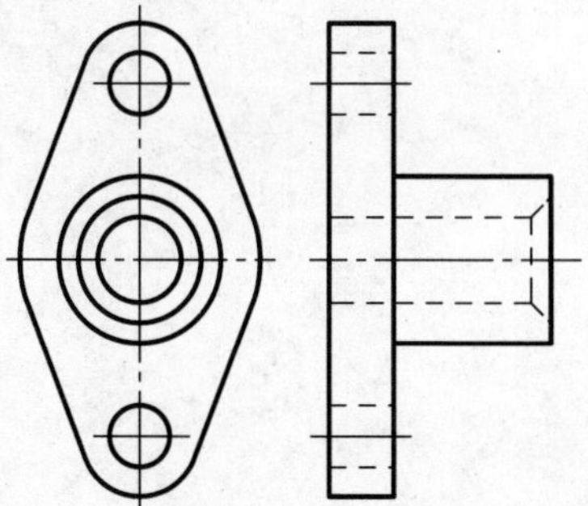

（2）画出物体的斜二轴测图。

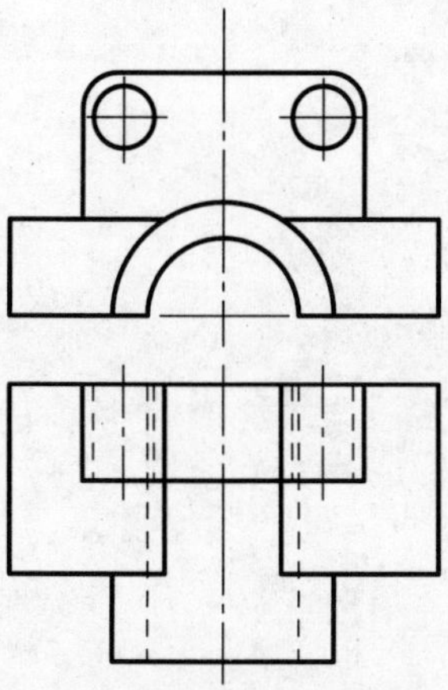

轴测图大作业

要求：（1）根据物体的两视图，画出第三视图，并标注尺寸（尺寸由图中1：1量取整数）。

（2）用A3图纸选择合适的比例画出物体的三视图及正等轴测图。

（3）标题栏名称填“三视图及轴测图”。

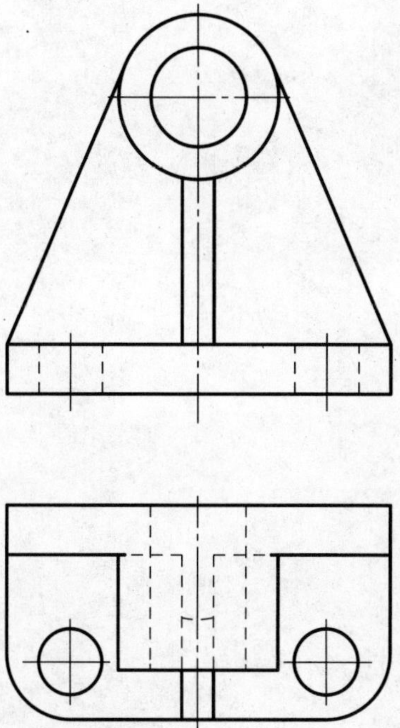

班级：　　　　学号：　　　　姓名：

任务四　绘制和识读零件的三视图

1．识读组合体的正等轴测图，选其对应的三视图。

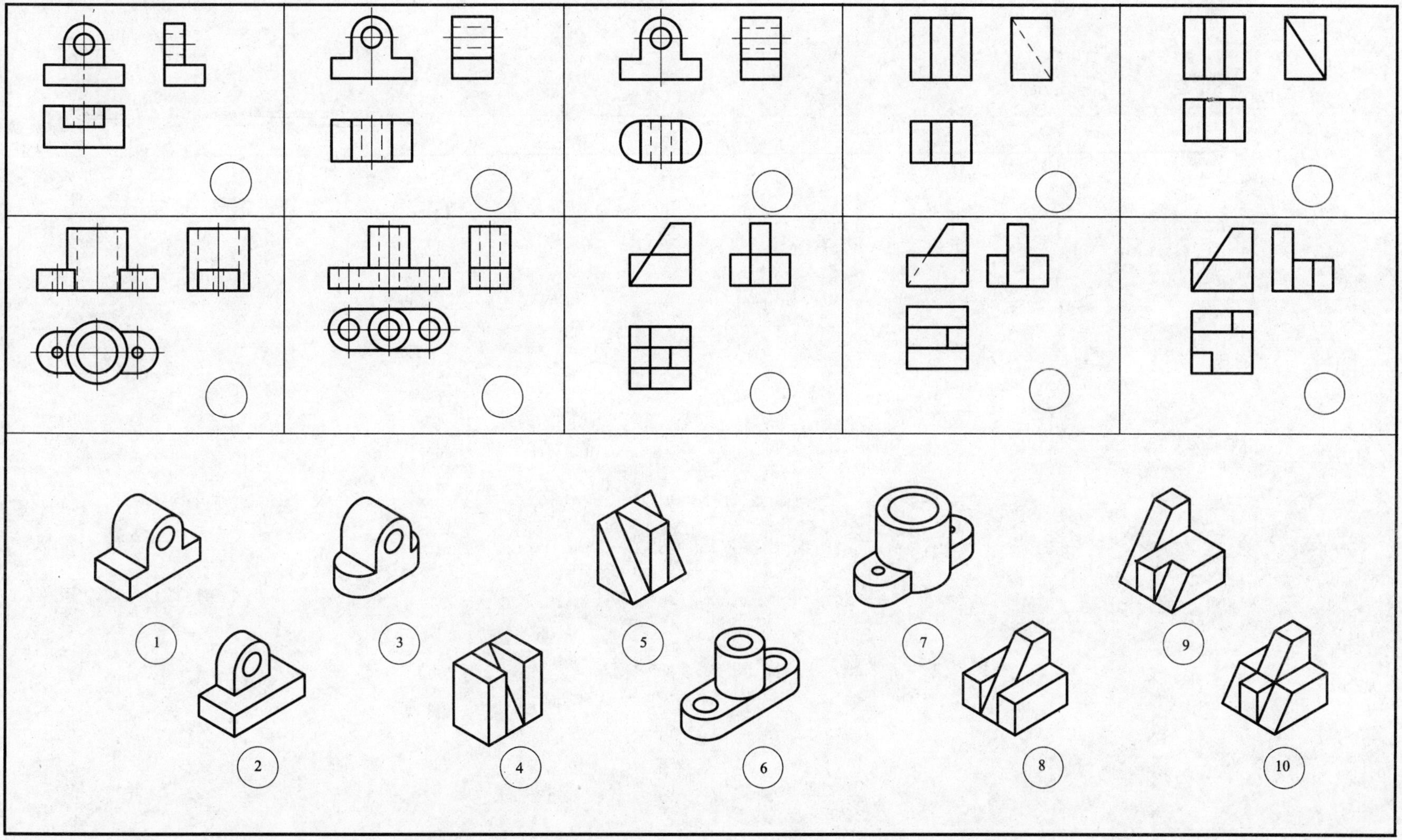

班级：　　　　　　学号：　　　　　　姓名：

2. 识读组合体的正等轴测图，补画其视图中所缺的图线。

（1）

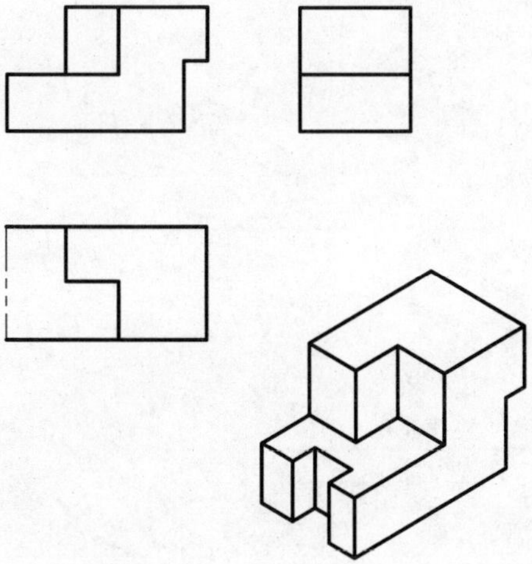

（2）

（3）

（4）

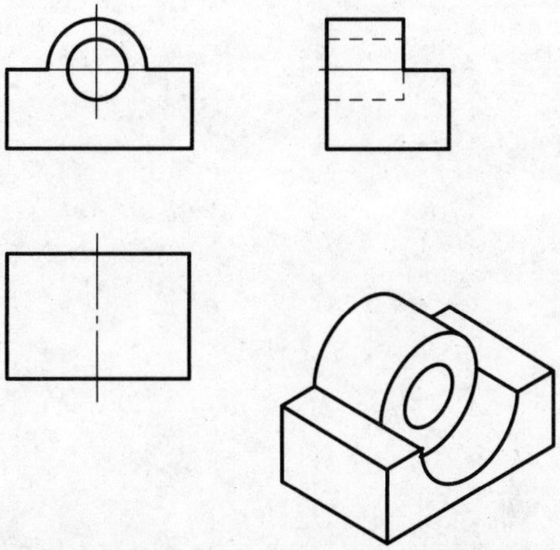

（5）

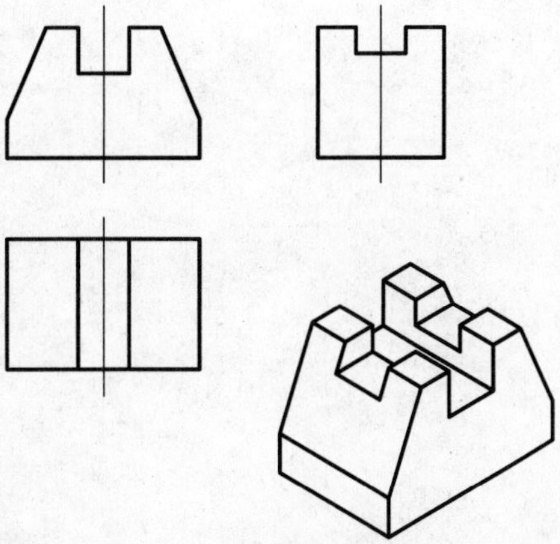

（6）

班级：　　　　　　学号：　　　　　　姓名：

(7)

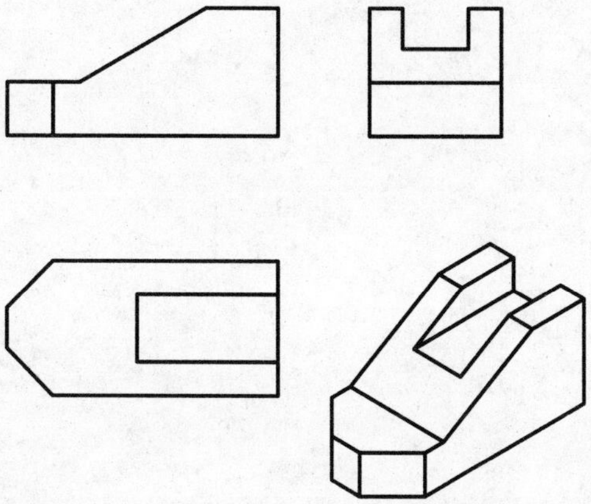

(8)

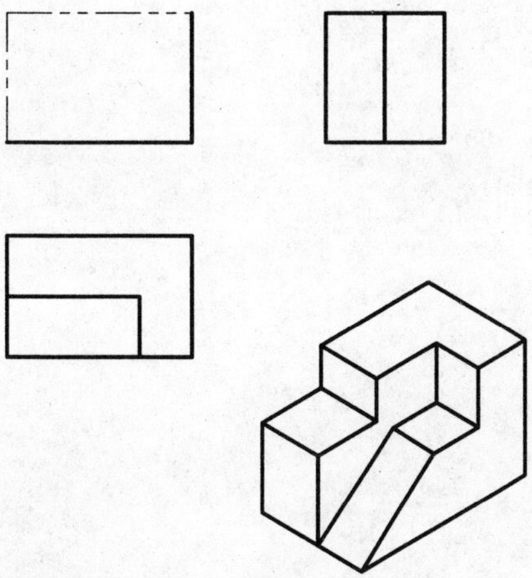

(9)

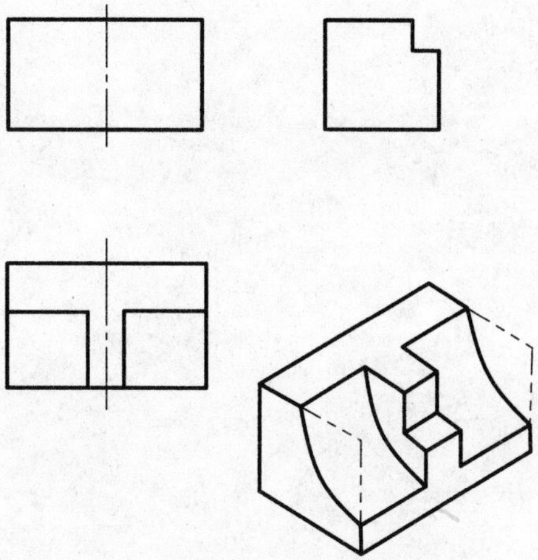

(10)

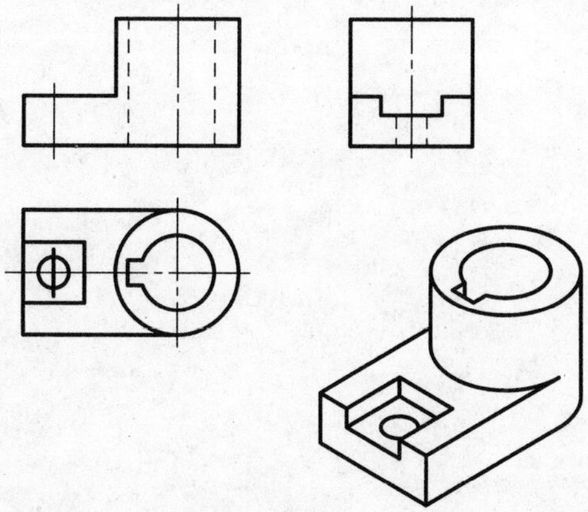

(11)

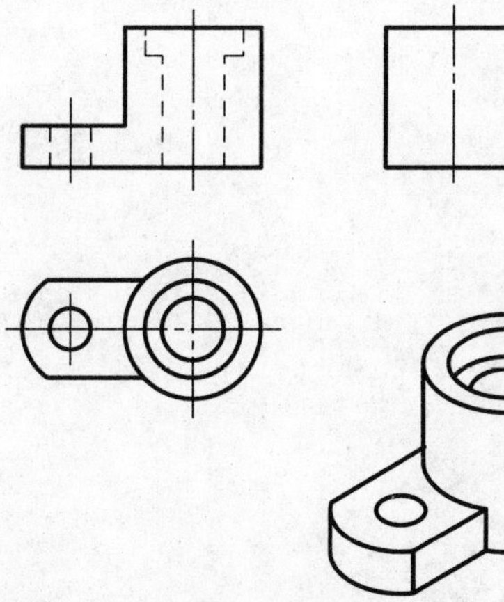

(12)

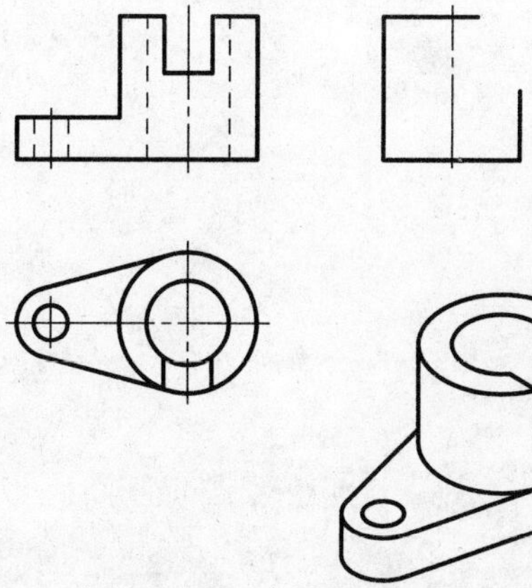

班级：　　　　学号：　　　　姓名：

3．识读组合体的三视图，补画其视图中所缺的图线。

（1）

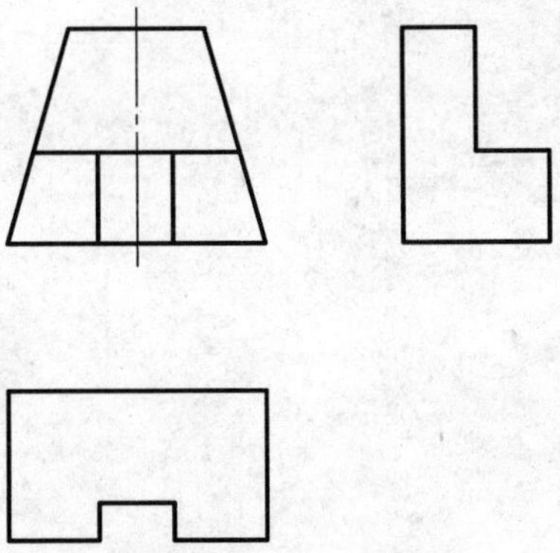

（2）

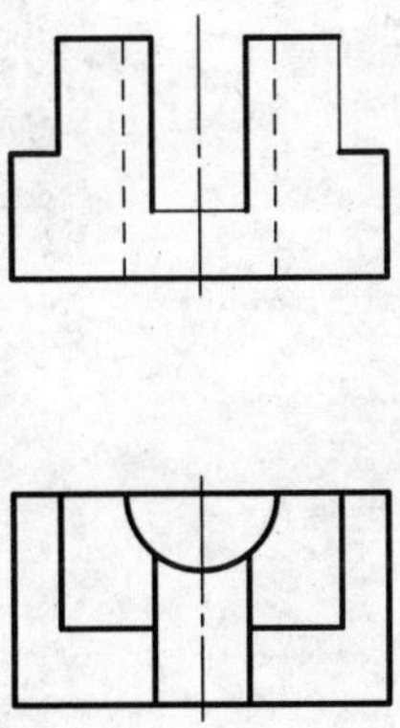

（3）

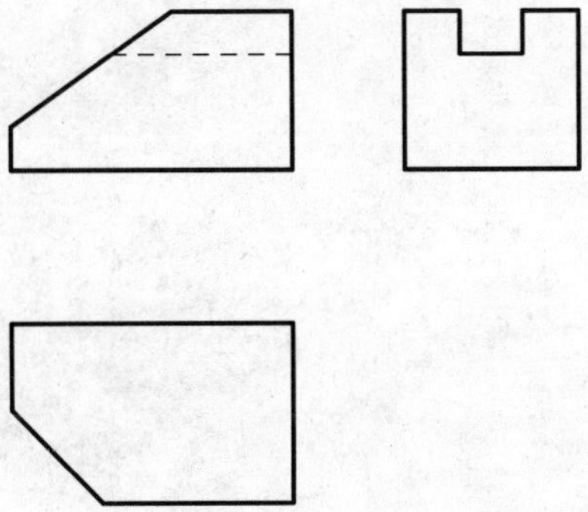

（4）

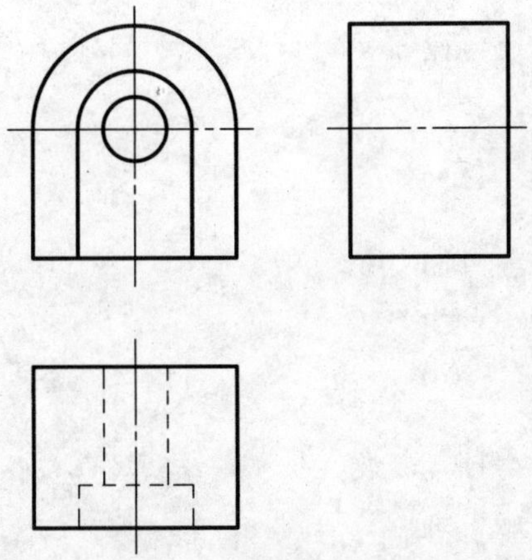

（5）

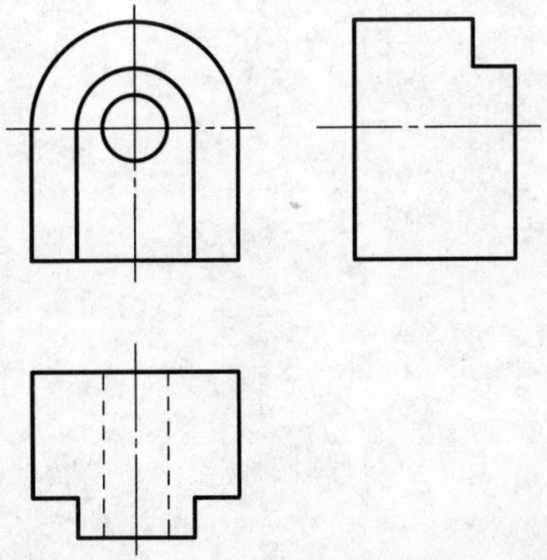

（6）

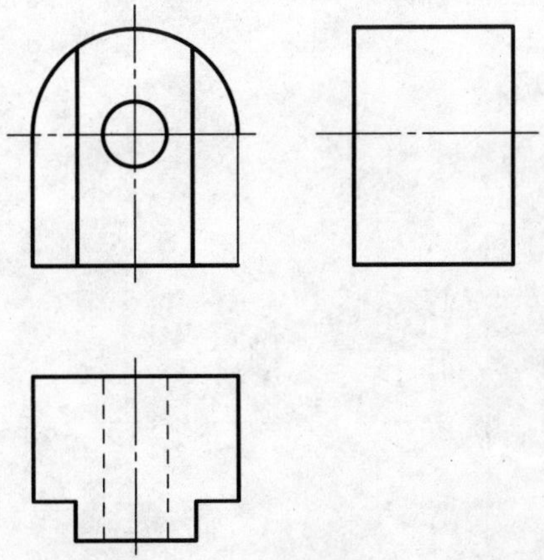

班级：　　　　学号：　　　　姓名：

(7)

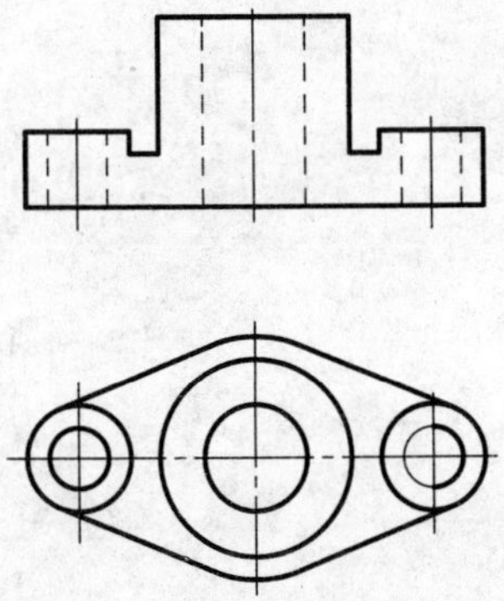

(8)

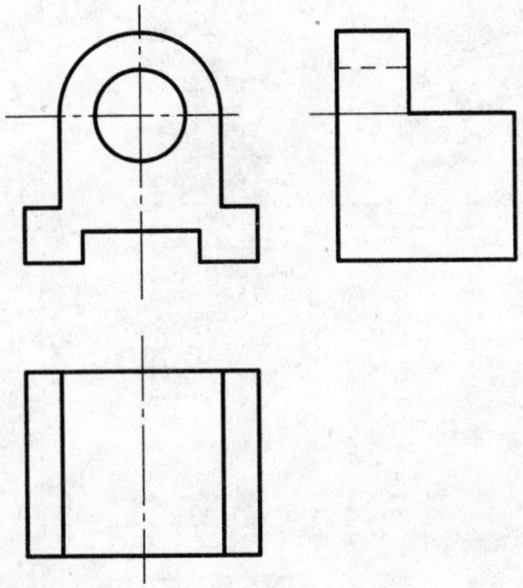

(9)

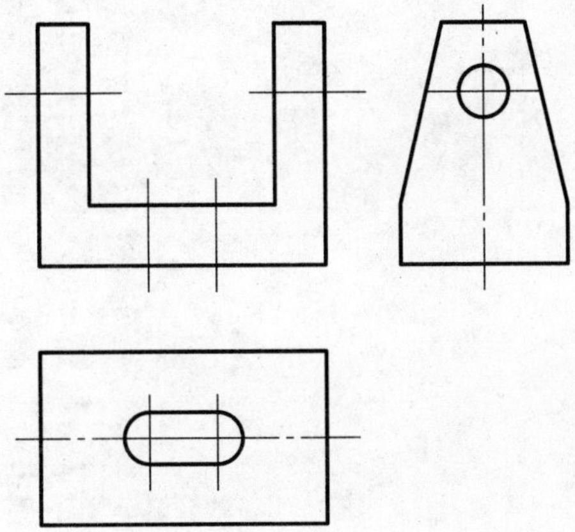

(10)

(11)

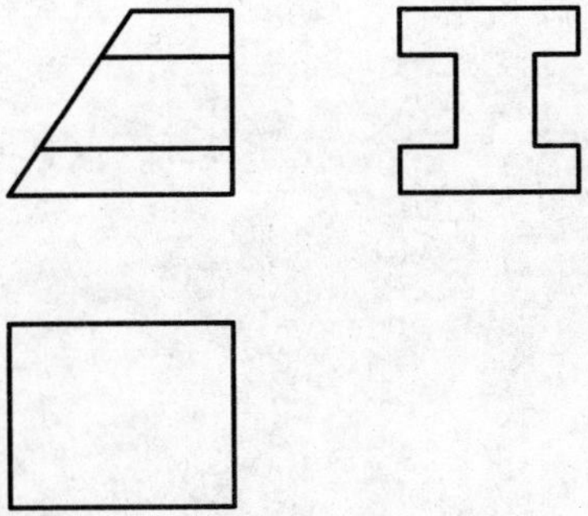

(12)

班级：　　　　学号：　　　　姓名：

4．识读组合体的轴测图，补画其视图。

（1）

（2）

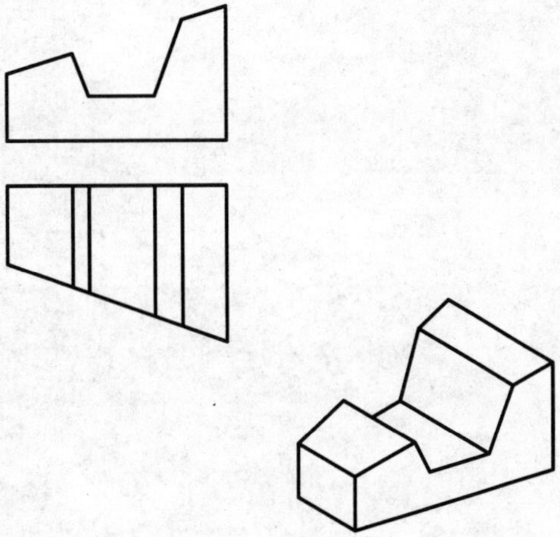

（3）

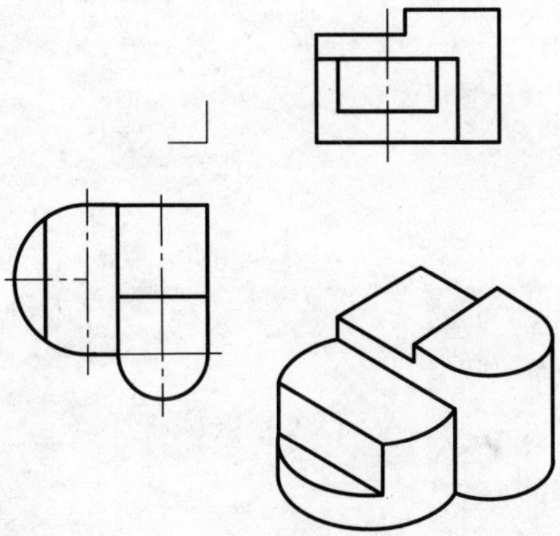

（4）

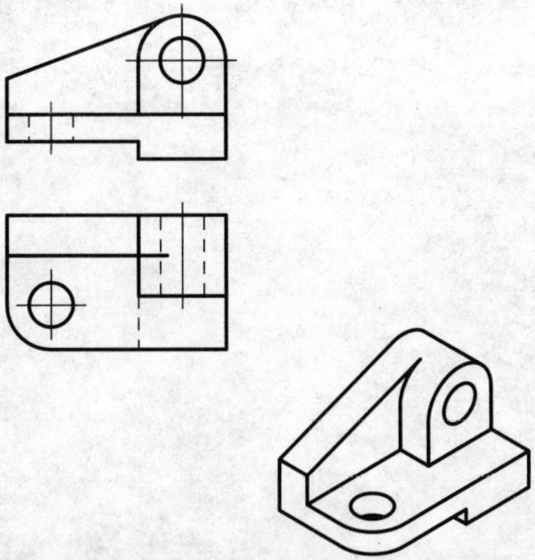

（5）

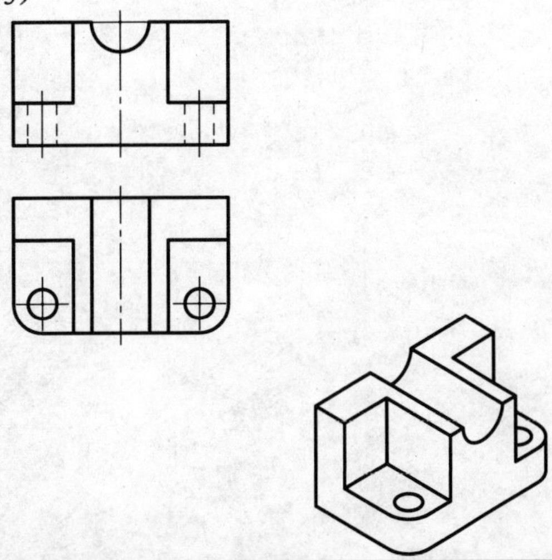

（6）

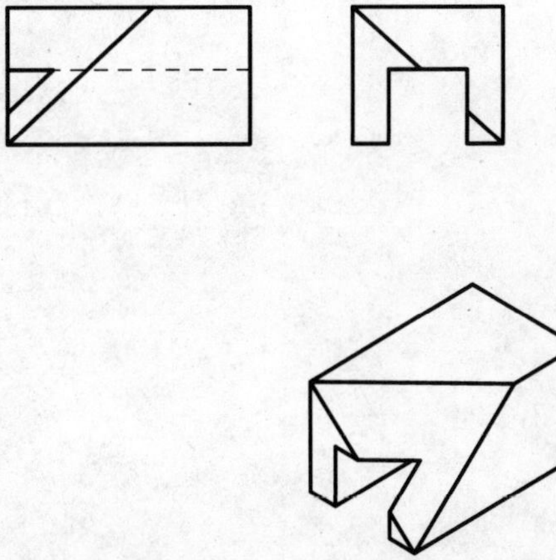

班级：　　　　　　学号：　　　　　　姓名：

5．标注组合体的尺寸（在图中按1：1量取）。

（1）标注尺寸。

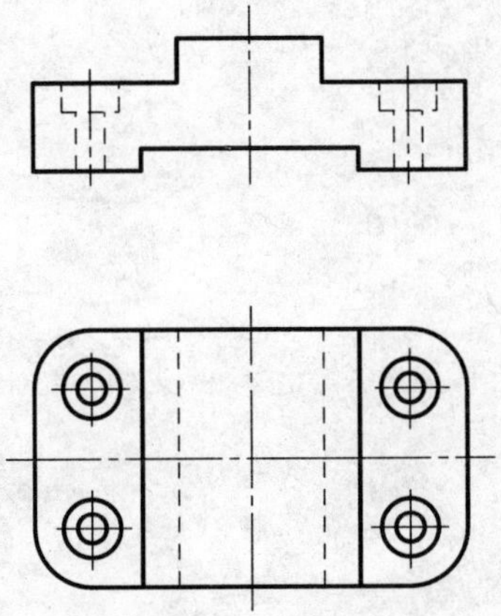

（2）标注尺寸。

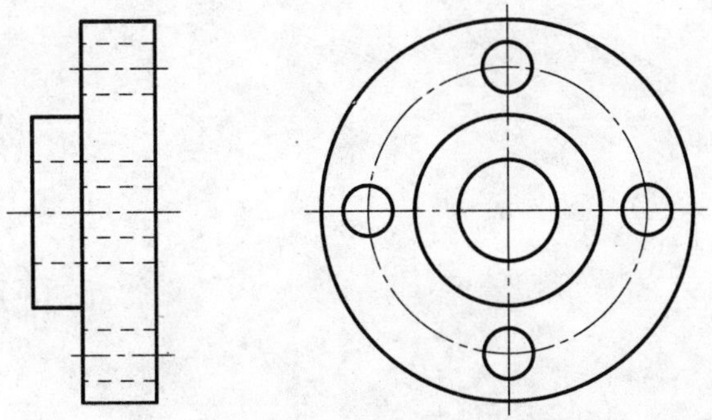

（3）标注尺寸。

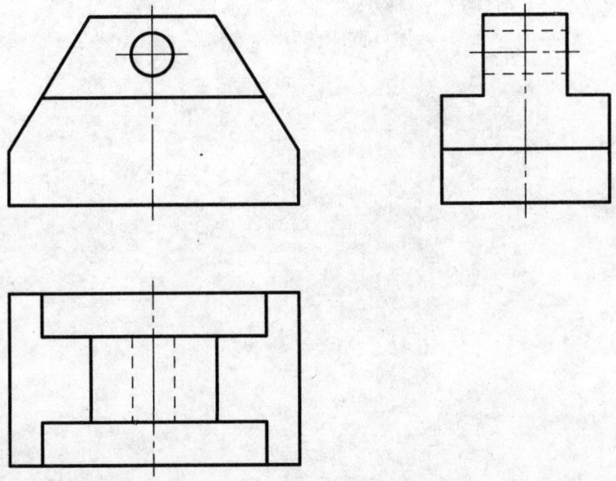

（4）下面尺寸标注中漏掉5个，请补充标注。

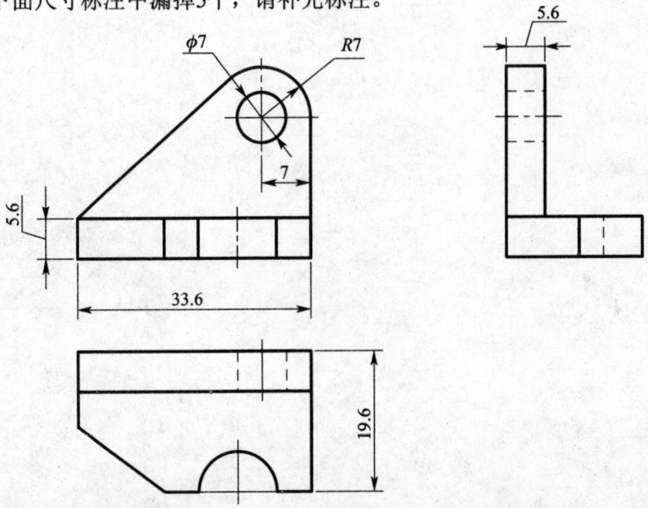

班级：　　　　学号：　　　　姓名：

6. 识读组合体的轴测图，按比例1∶2画其三视图。

（1）

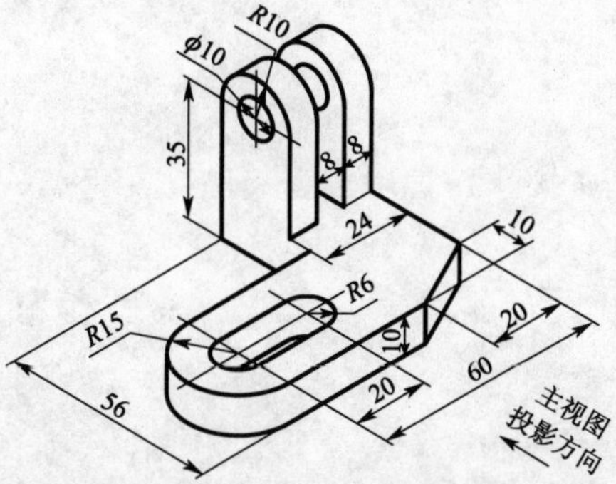

（2）

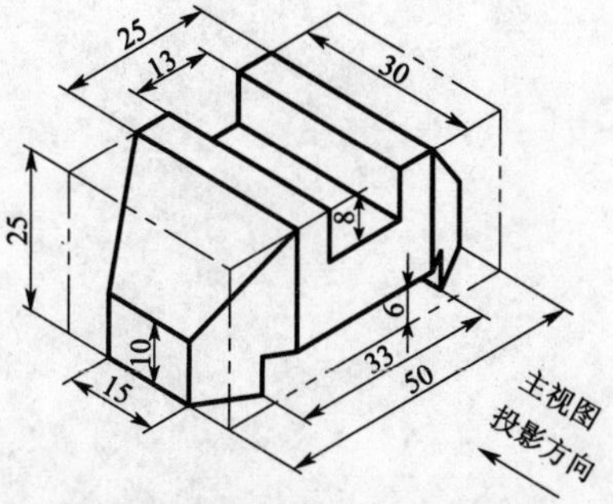

班级：　　学号：　　姓名：

(3)

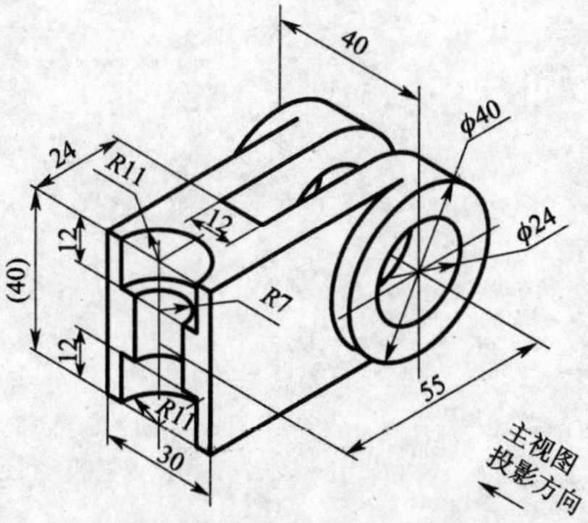

40
φ40
24
R11
12
12
(40)
R7
φ24
12
R11
55
30
主视图
投影方向

(4)

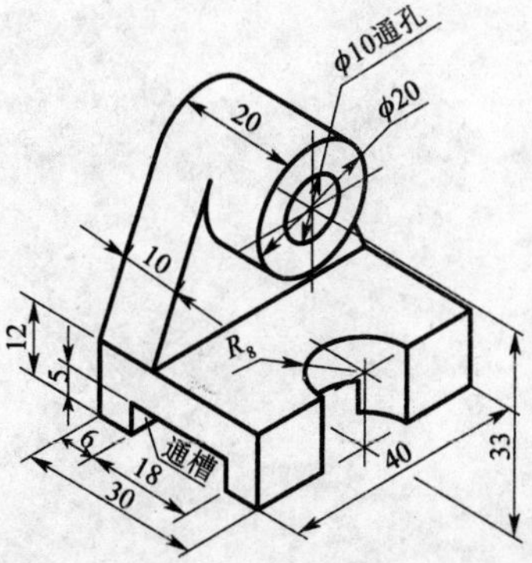

φ10通孔
20
φ20
10
12
R8
5
6
通槽
18
30
40
33

班级： 学号： 姓名：

7. 识读组合体的两视图，补画其第三视图。

（1）

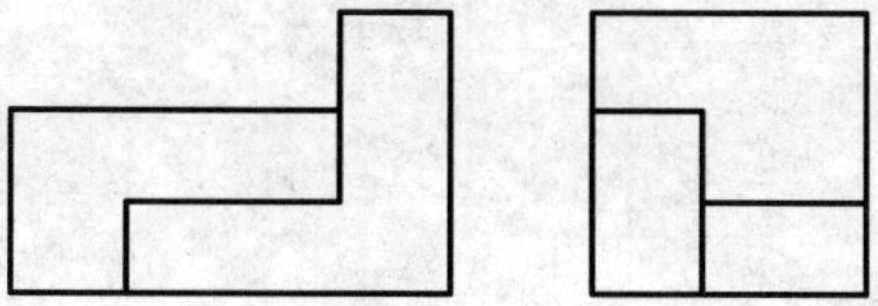

（2）

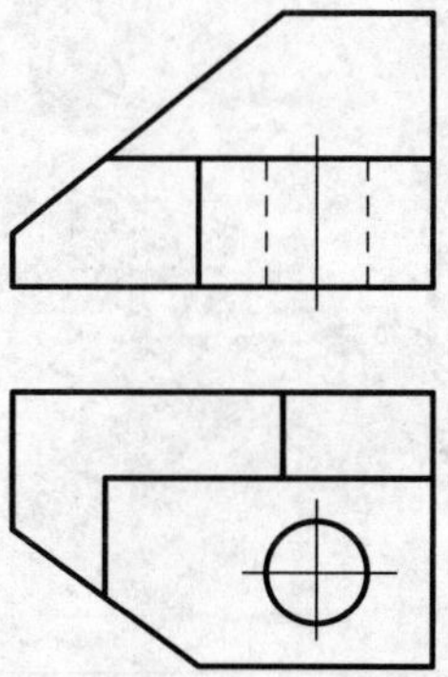

（3）

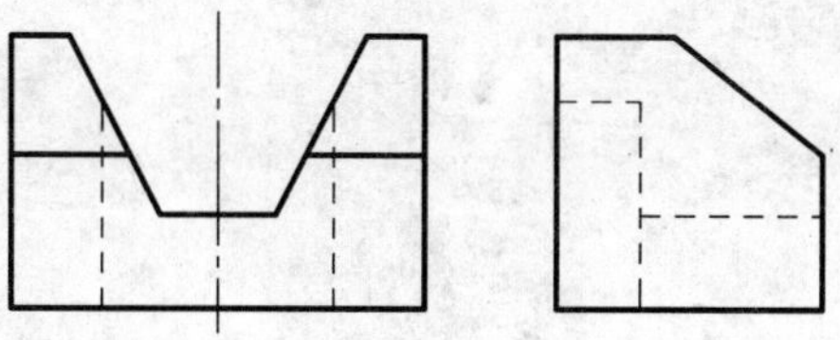

（4）

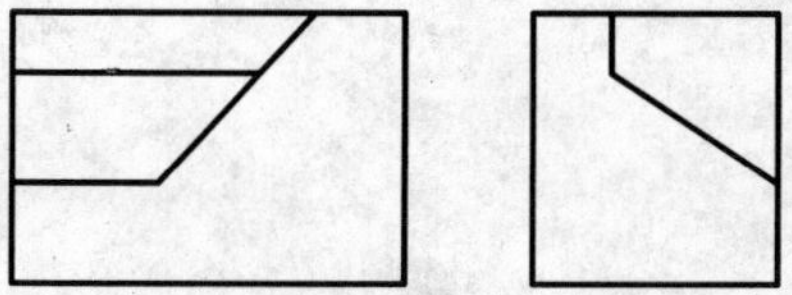

（5）

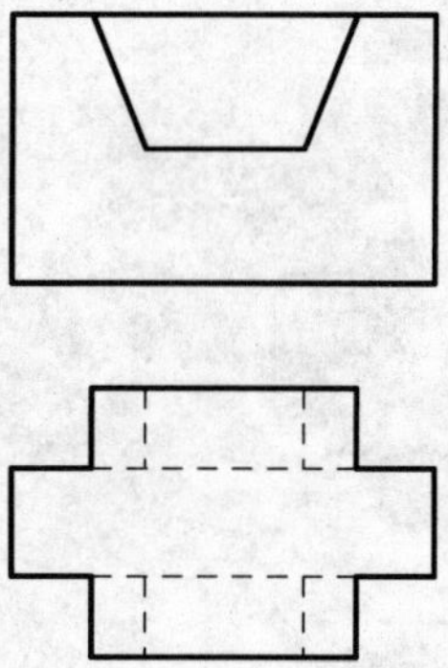

（6）

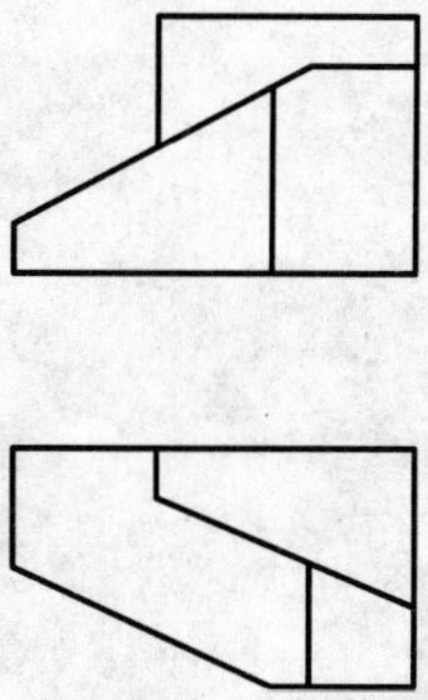

班级：　　　　　　学号：　　　　　　姓名：

（7）

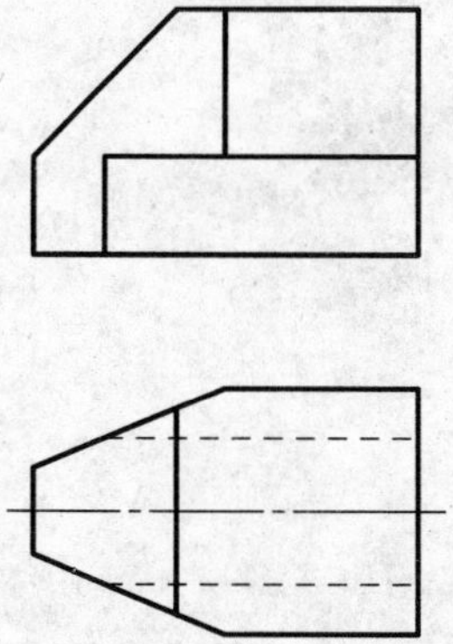

（8）

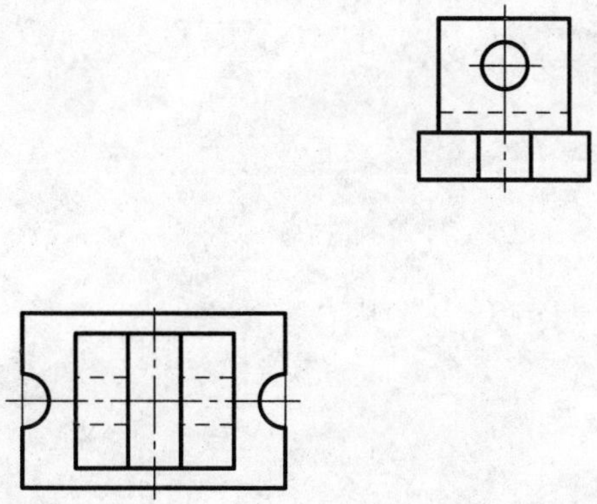

（9）

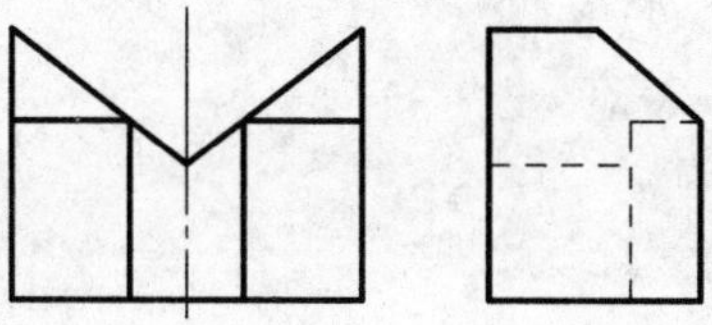

（10）

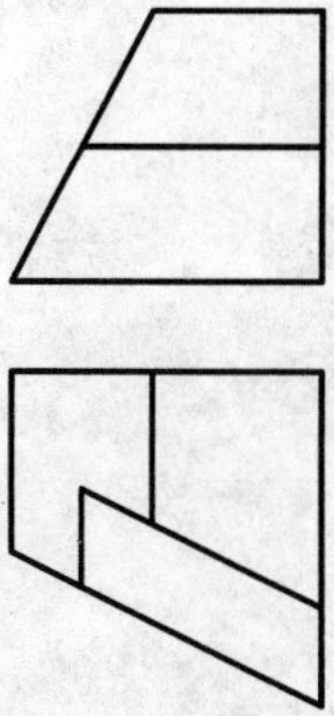

（11）

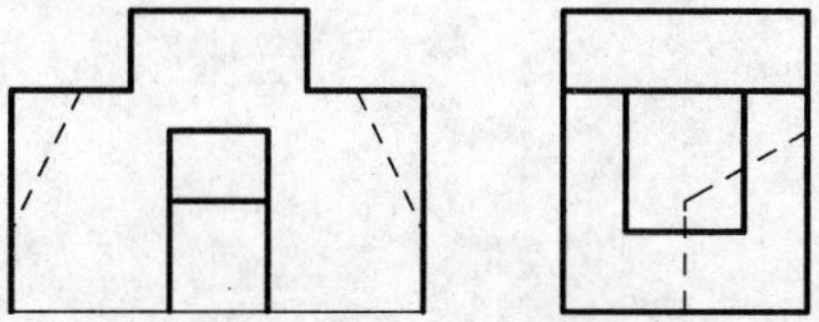

（12）

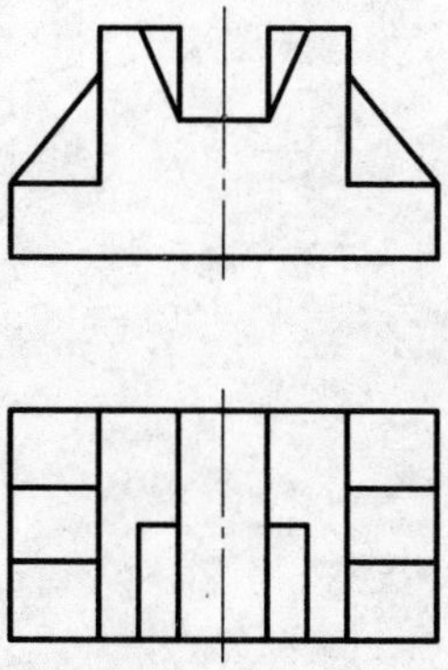

班级：　　　　　　学号：　　　　　　姓名：

(8)

(11)

（13）

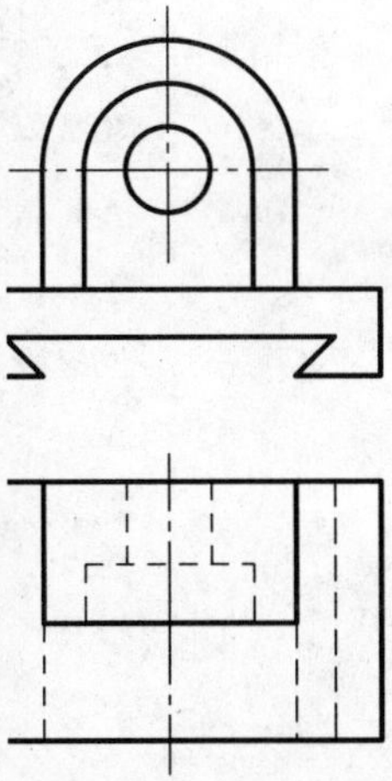

（14）

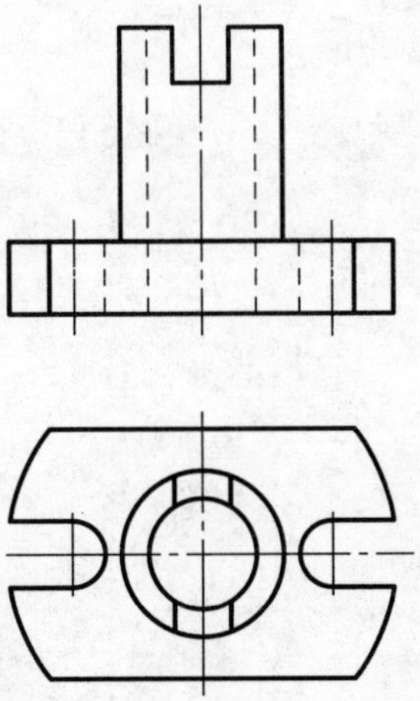

（15）

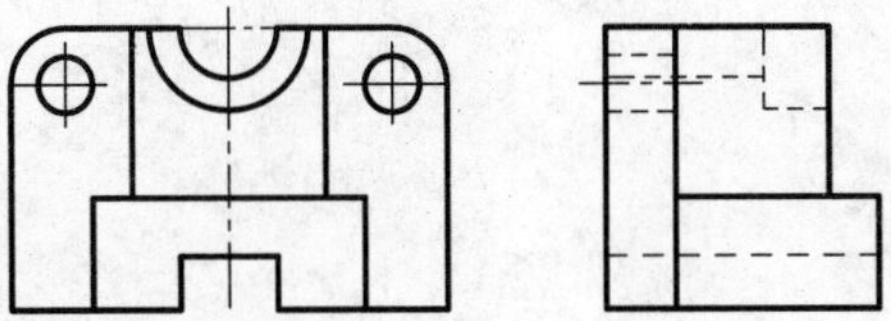

（16）

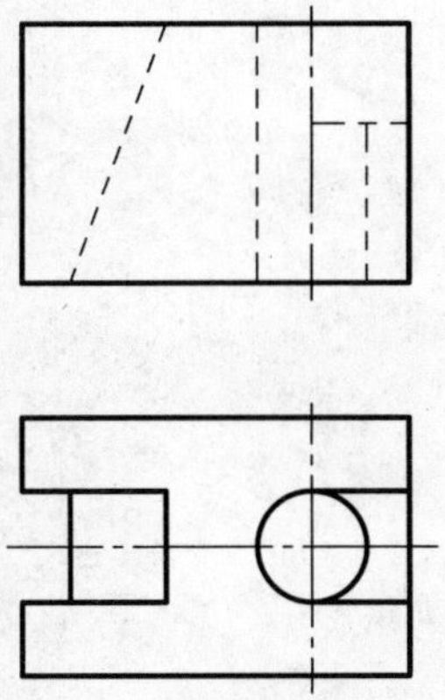

（17）

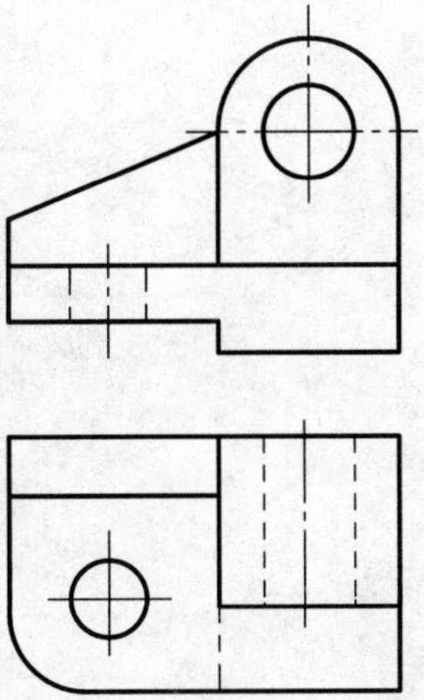

（18）

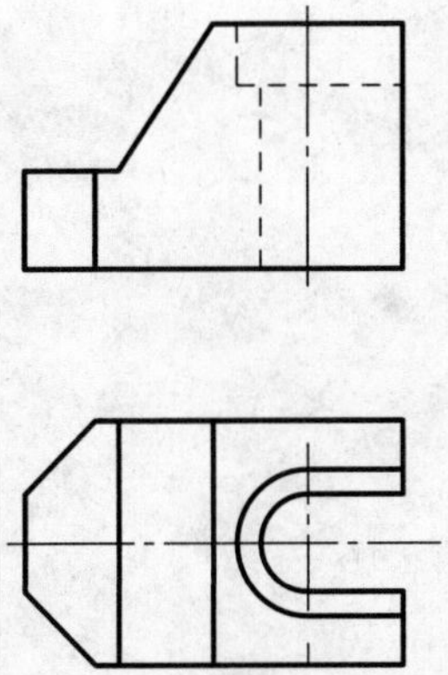

班级：　　　　　　学号：　　　　　　姓名：

（19）

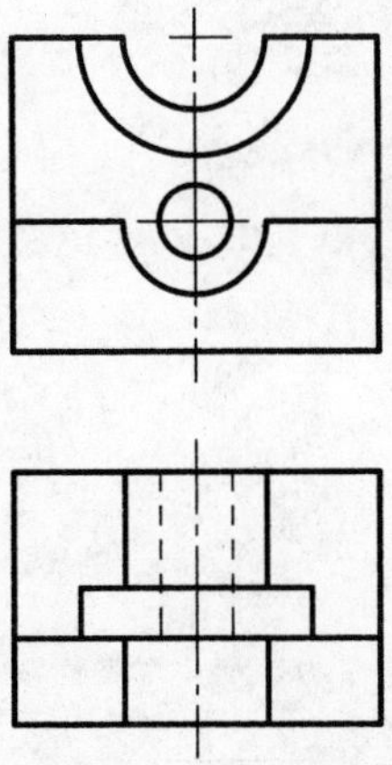

（20）

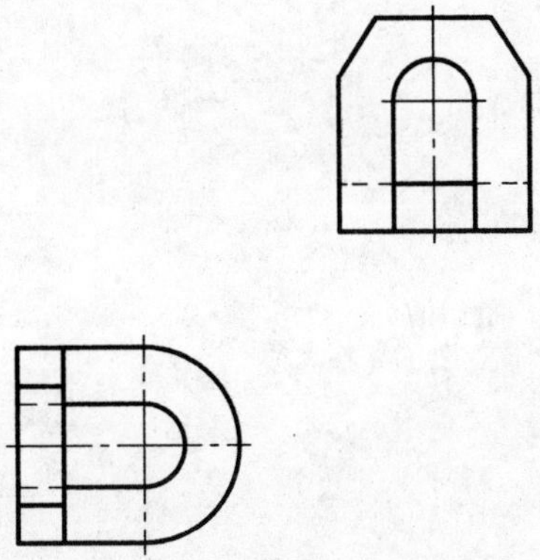

（21）

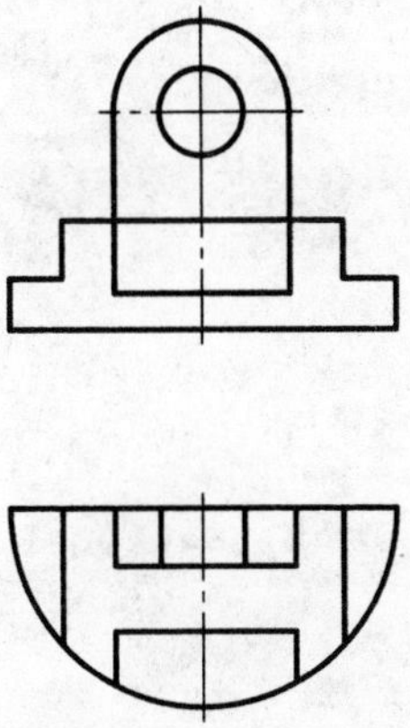

（22）

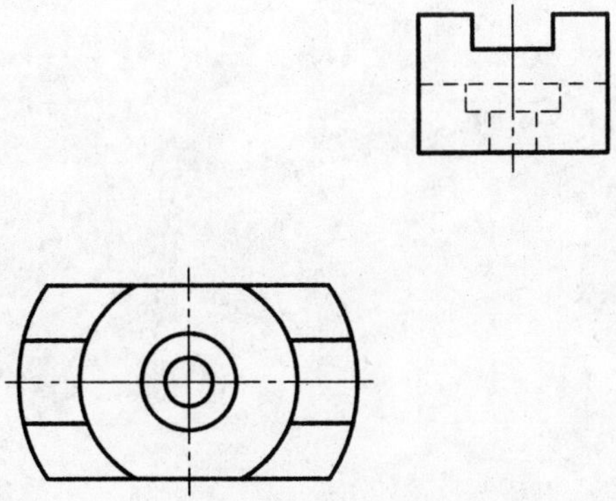

（23）

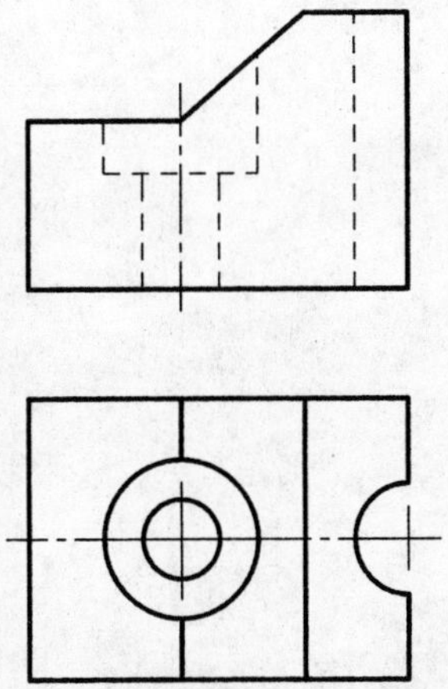

（24）

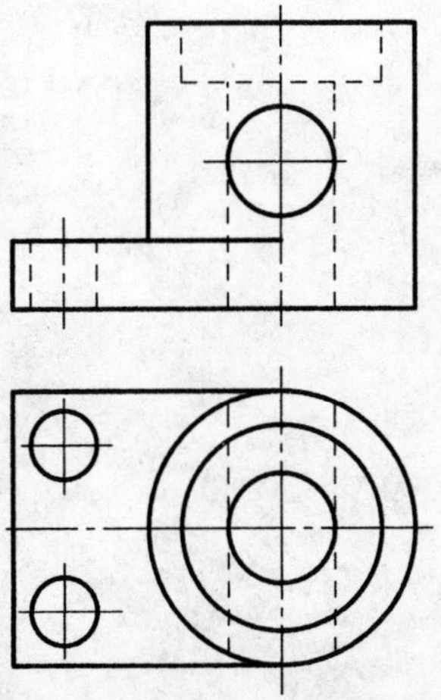

班级：　　　　学号：　　　　姓名：

(25)

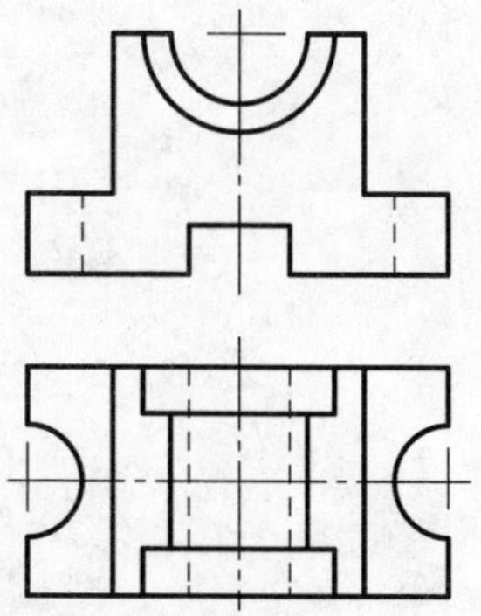

(26)

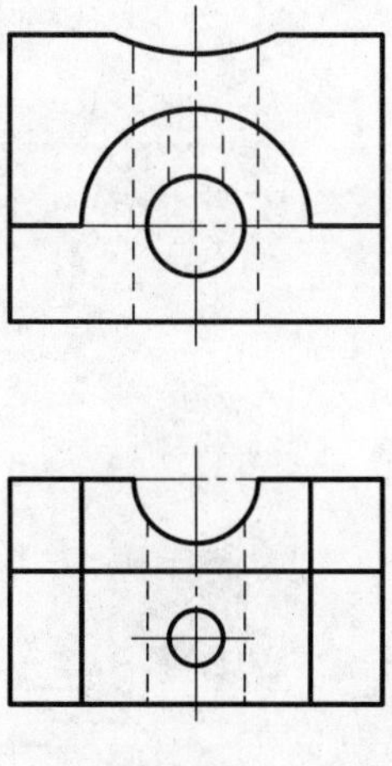

(27)

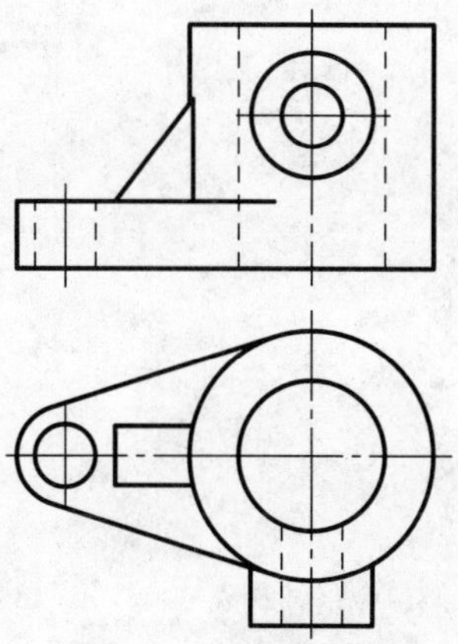

(28)

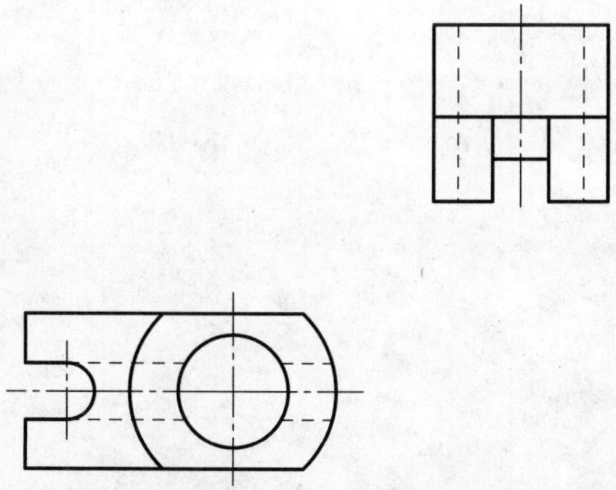

(29)

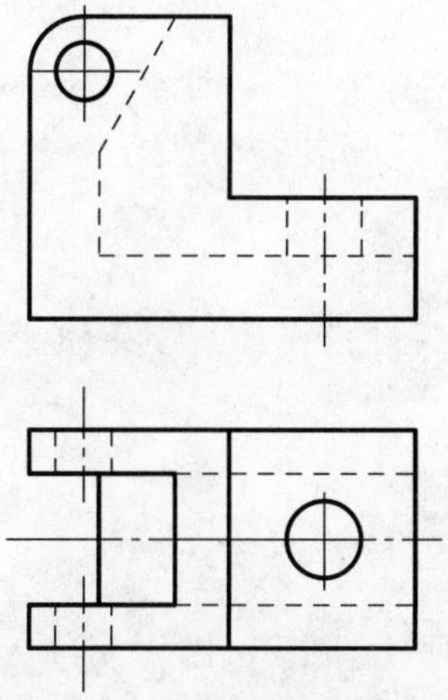

(30)

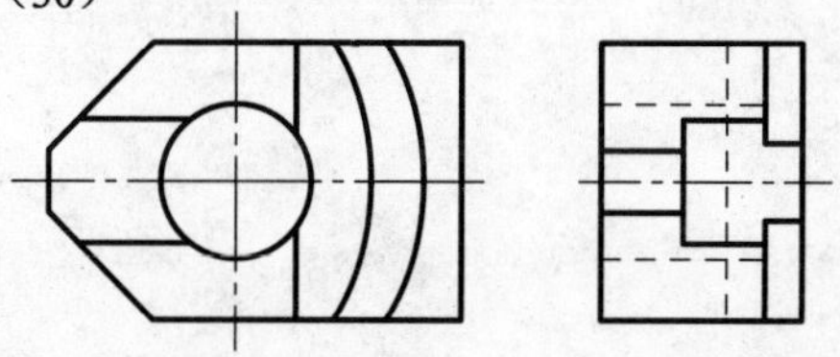

班级：　　　　　　　学号：　　　　　　　姓名：

(31)

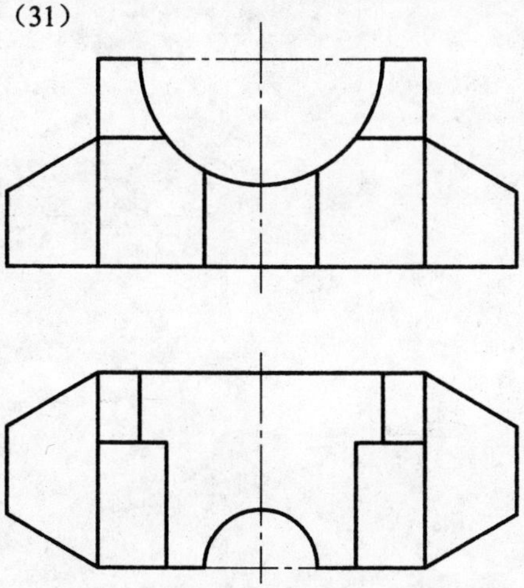

(32)

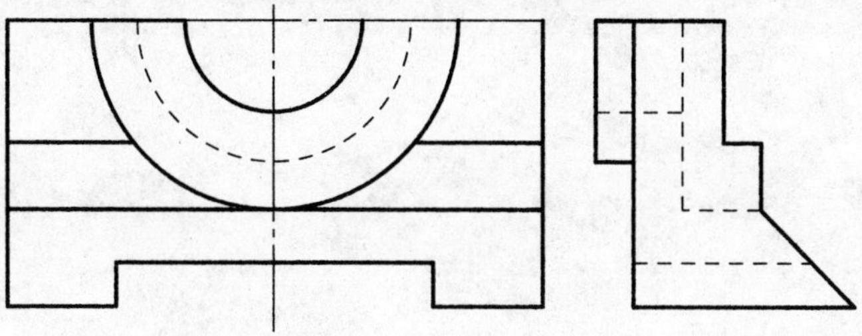

(33) 已知物体的俯视图，构思不同形体，并补画主视图、左视图。

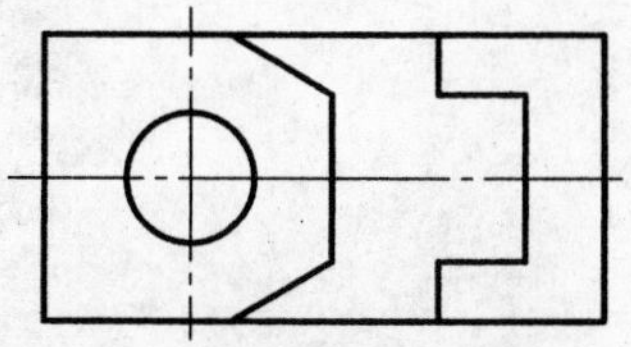

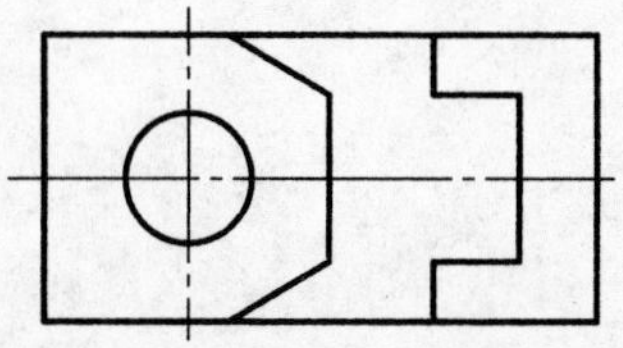

班级：　　　　学号：　　　　姓名：

8．根据轴测图在图纸上用2∶1的比例画出组合体三视图，并标注尺寸。

组合体三视图

1．目的、内容与要求

（1）目的、内容：进一步理解与巩固“物”与“图”之间的对应关系，运用形体分析的方法，根据轴测图（或模型）绘制组合体的三视图，并标注尺寸。本作业共四个分题，不同专业按需要完成其中1～2个分题。

（2）要求：完整表达组合的内外形状。标注尺寸要完整、清晰，并符合国家标准。

2．图名、图幅、比例

（1）图名：组合体三视图。

（2）图幅：A3图纸。

（3）比例：2∶1。

3．绘图步骤与注意事项

（1）对所绘组合体进行形体分析，选择主视图，按轴测图所注尺寸（或模型实际大小）布置三个视图位置（注意视图之间预留标注尺寸的位置），画出各种视图的中心轴线和底面（顶面）位置线。

（2）逐步画出组合体各部分的三视图（注意表面相切或相贯时的画法）

（3）标注尺寸时应注意不要照搬轴测图上的尺寸注法，应重新考虑视图上尺寸的配置。以尺寸完整、符合标准、配置适当为原则。

（4）完成底稿，经仔细校核后用铅笔加深。

（5）保持图画整洁、线条清晰，并正确填写标题栏。

（1）

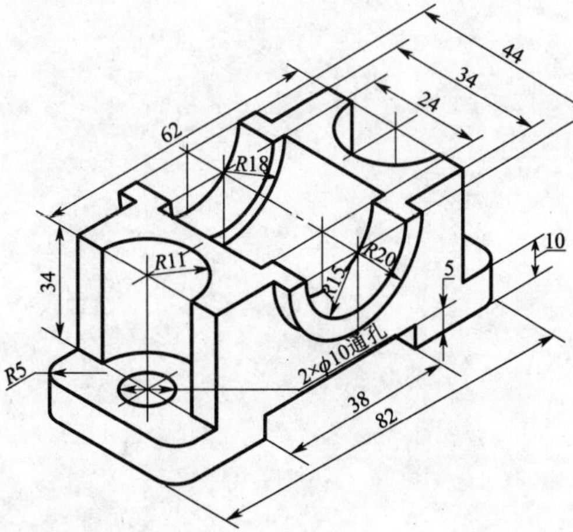

（2）

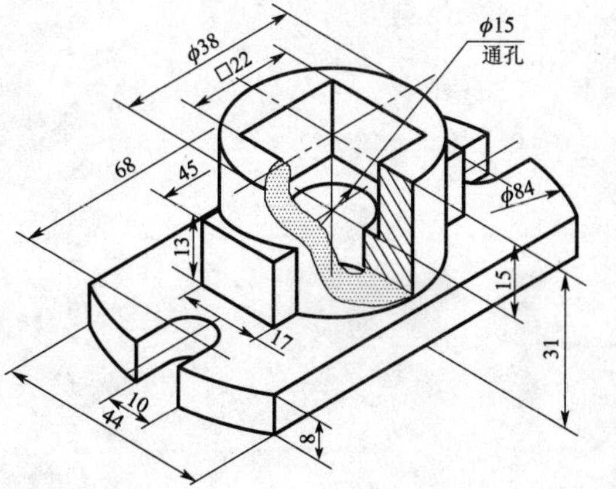

（3）

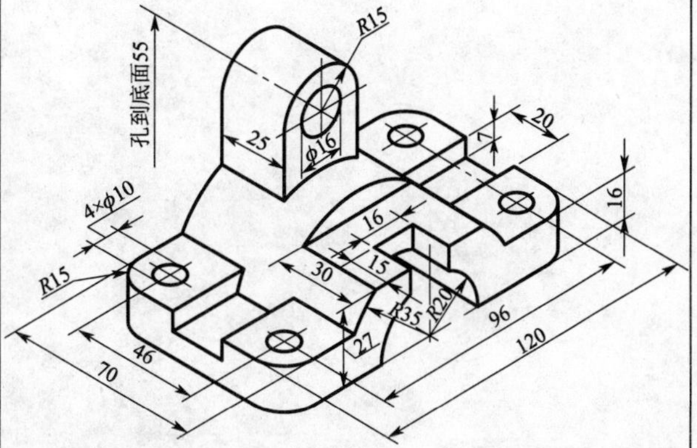

（4）

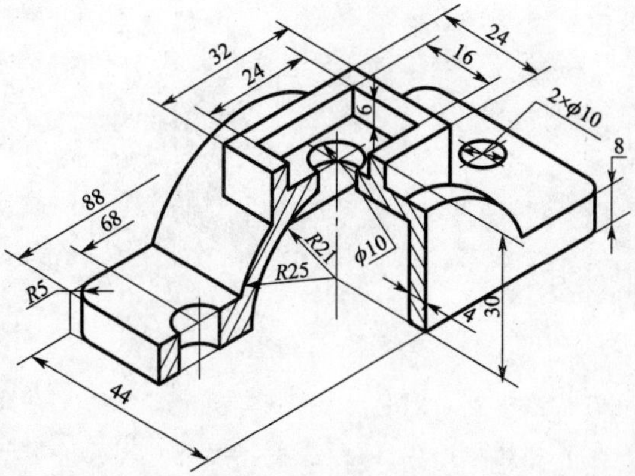

任务五　绘制和识读表达机件的视图

1．识读和绘制机件的视图。

（1）已知机件的主、俯、左视图，绘制机件的其他3个基本视图。

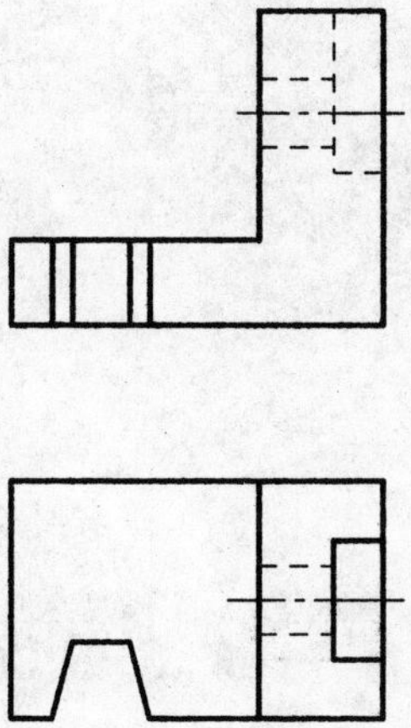

（2）已知机件的主、俯视图，绘制机件的A、B向视图。

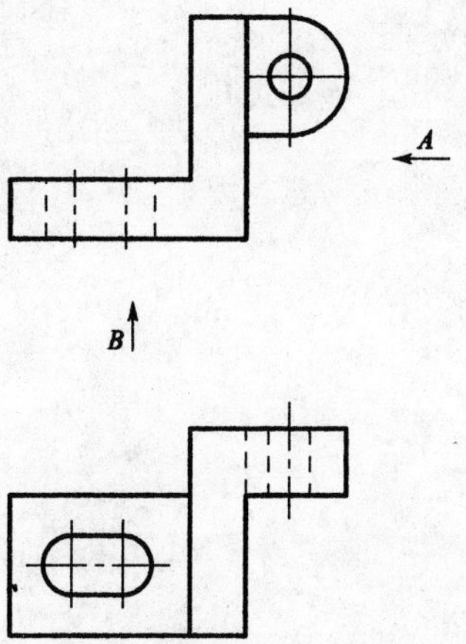

A

B

班级：　　　　学号：　　　　姓名：

（3）根据主、俯视图，在指定位置画出*A*、*B*向局部视图。

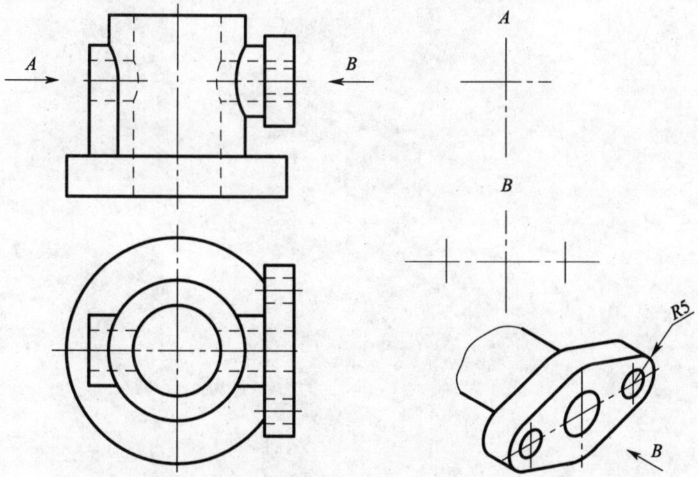

（5）在指定位置处画出机件的斜视图“*A*”，局部视图“*B*”和“*C*”。

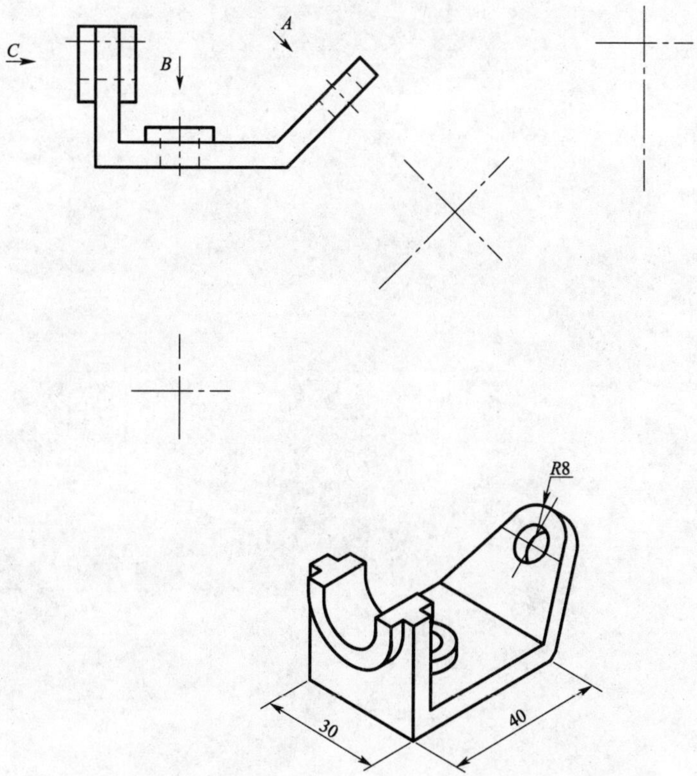

（4）画出A向斜视图（右端安装板圆角半径为3mm）。

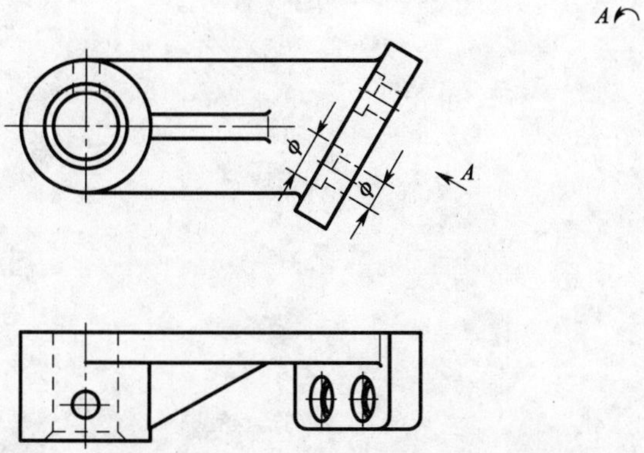

班级：　　　　学号：　　　　姓名：

2．识读和绘制机件的剖视图。

（1）已知机件的视图，补画视图中所缺的图线。

① 补画主视图全剖中所缺的图线。

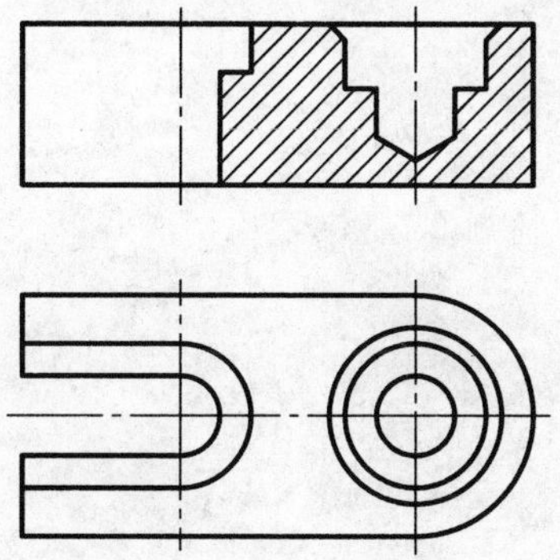

② 补画主视图全剖中所缺的图线。

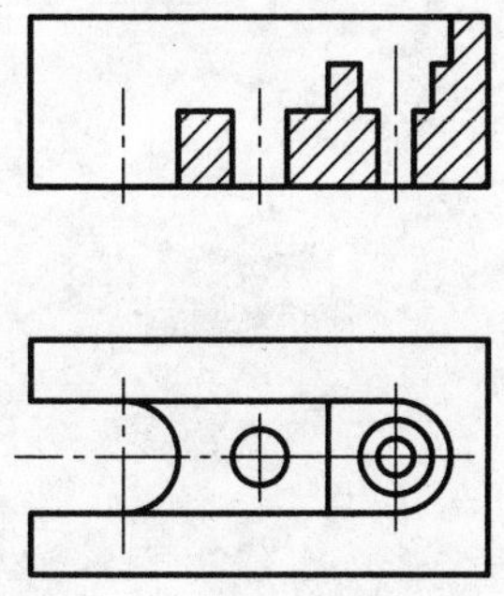

③ 补画主视图全剖中所缺的图线。

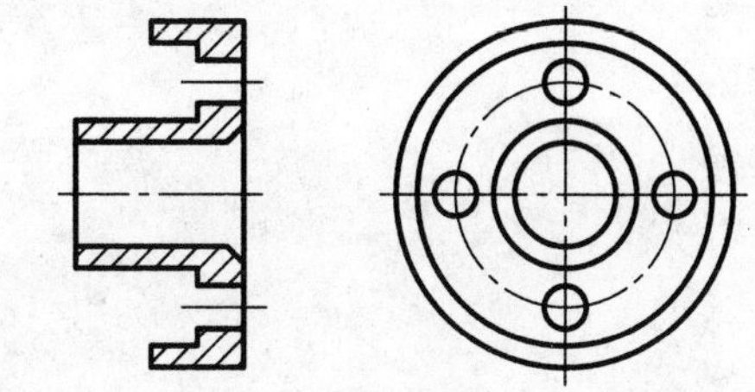

④ 补画主视图半剖、左视图全剖中所缺的图线。

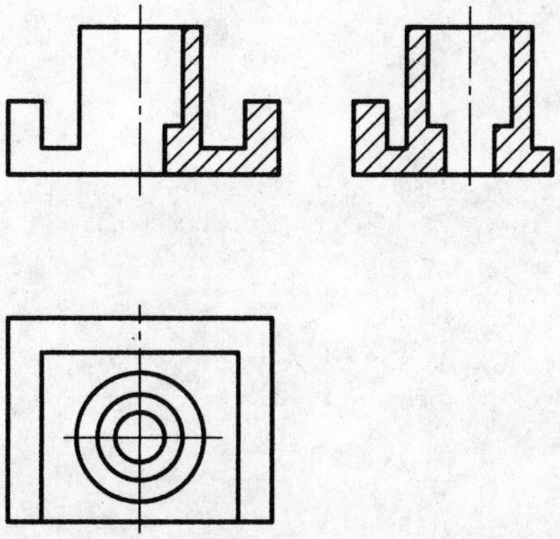

⑤ 补画主视图半剖、左视图全剖中所缺的图线。

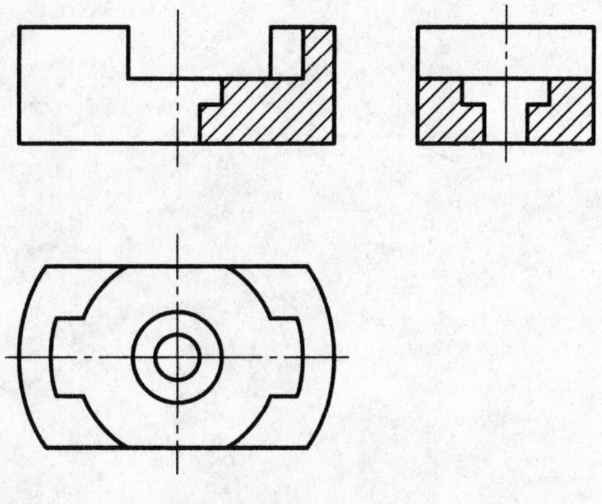

⑥ 补画主视图全剖、左视图半剖中所缺的图线。

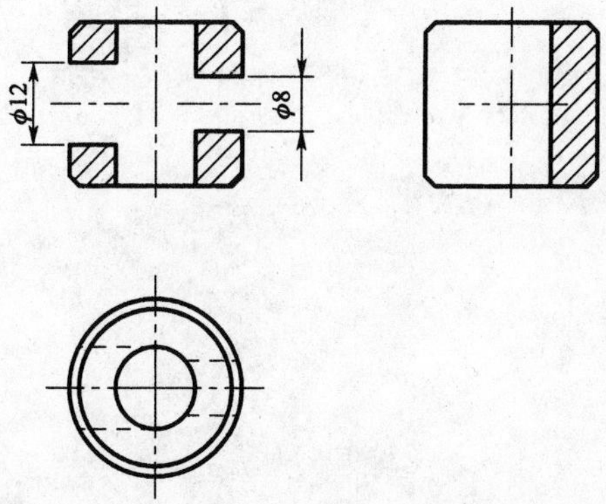

班级：　　　　学号：　　　　姓名：

（2）识读零件的视图，画全剖视图。

① 将主视图改画成全剖视图，左视图补画成全剖视图。

② 将主视图改画成全剖视图，左视图补画成全剖视图。

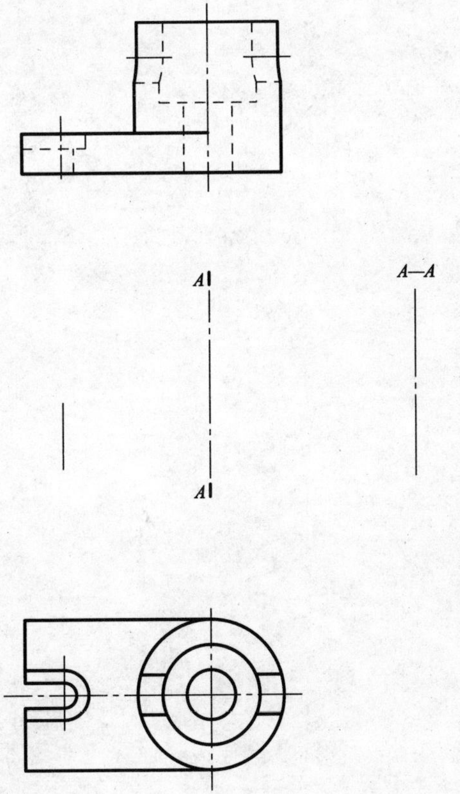

③ 将主视图改画成全剖视图。

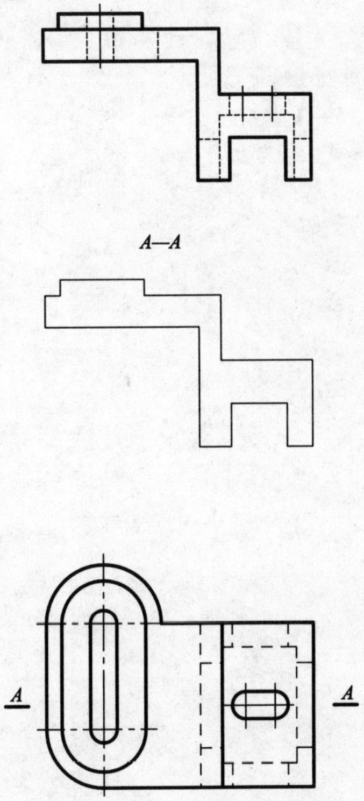

班级：　　　　学号：　　　　姓名：

（3）识读物体的视图，画半剖视图。

① 将主视图改画成半剖视图。

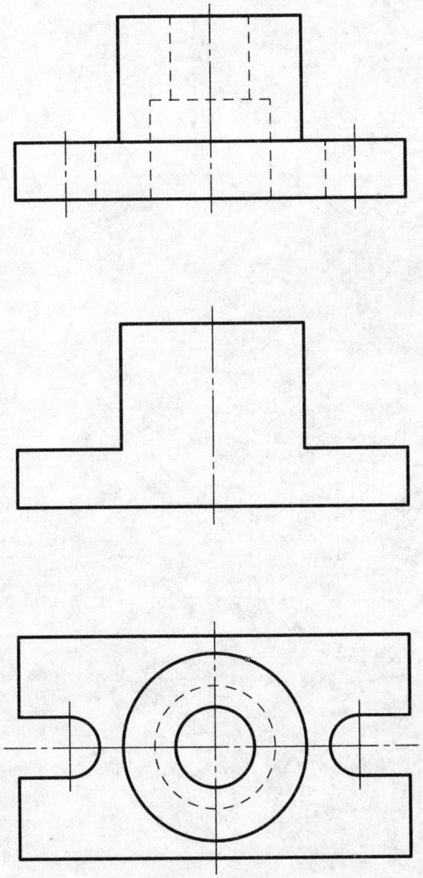

② 将主视图改画成半剖视图。

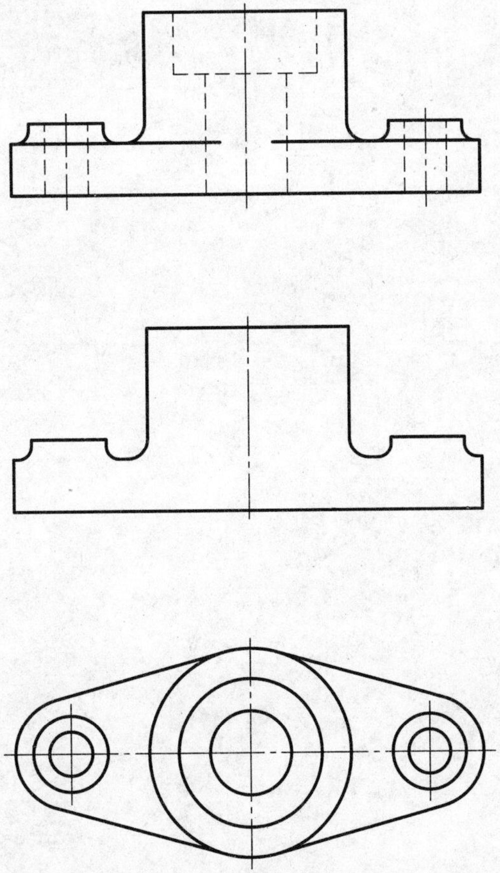

③ 将主视图改画成半剖视图。

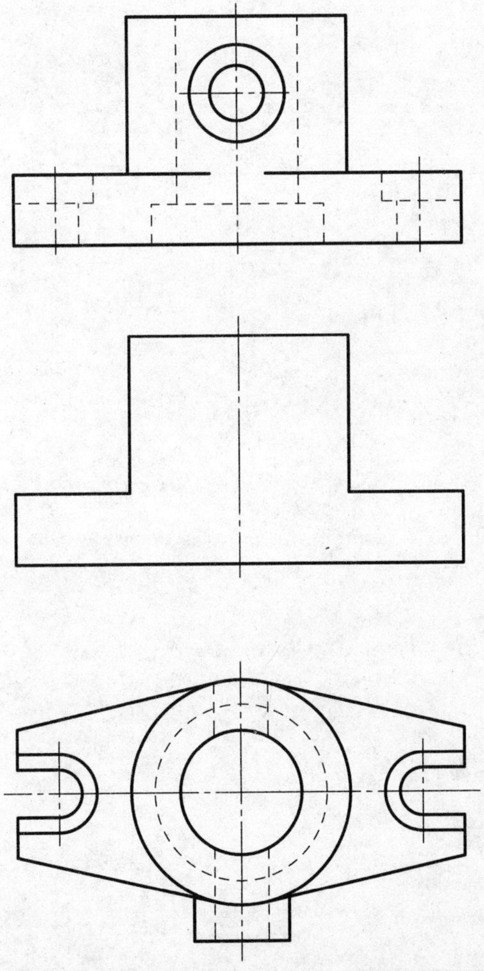

班级：　　　　　学号：　　　　　姓名：

（4）识读物体的视图，画全、半剖视图。

①将主视图改画成全剖视图，左视图补画成半剖视图。

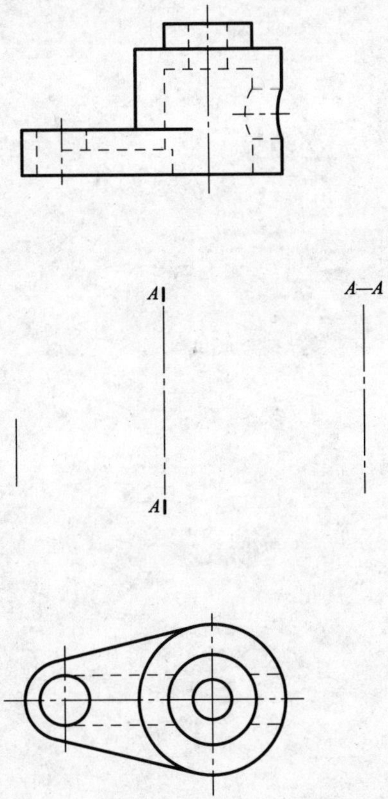

②将主视图改画成全剖视图，左视图补画成半剖视图。

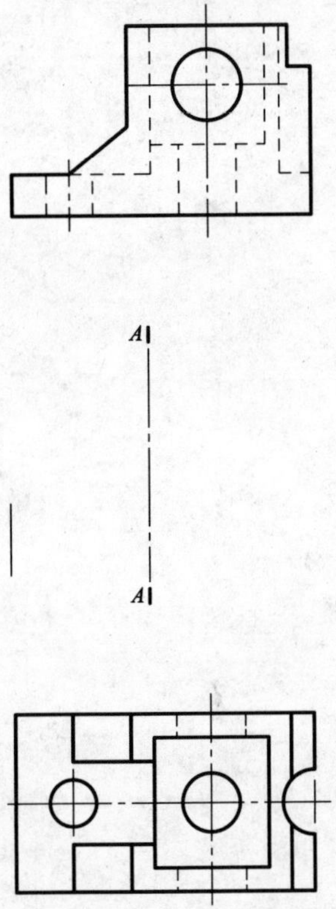

③将主视图改画成全剖视图，左视图补画成半剖视图。

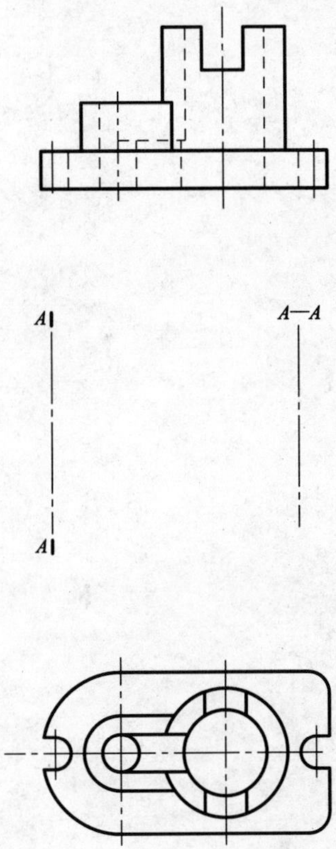

班级：　　学号：　　姓名：

④ 将主视图改画成半剖视图，左视图补画成全剖视图。

⑤ 将主视图改画成半剖视图，左视图补画成全剖视图。

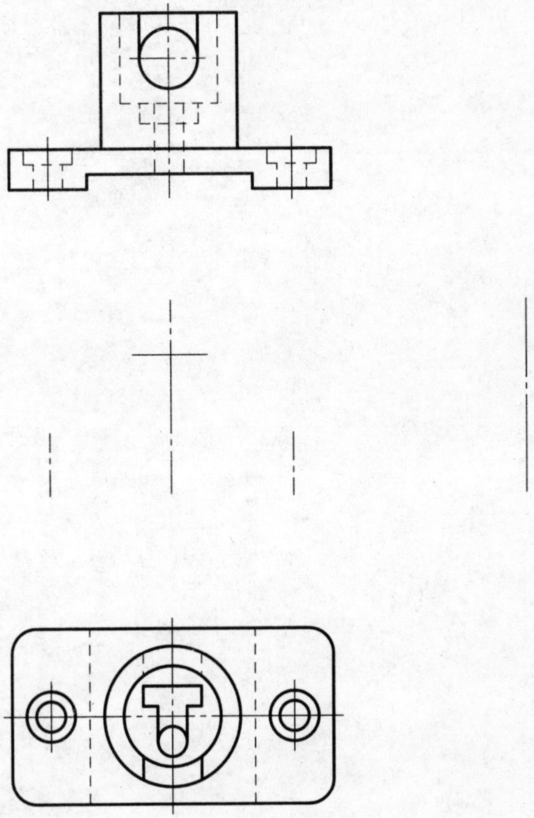

班级：　　　　学号：　　　　姓名：

（5）识读物体的视图，画局部剖视图。

① 将视图改画成局部剖视图。

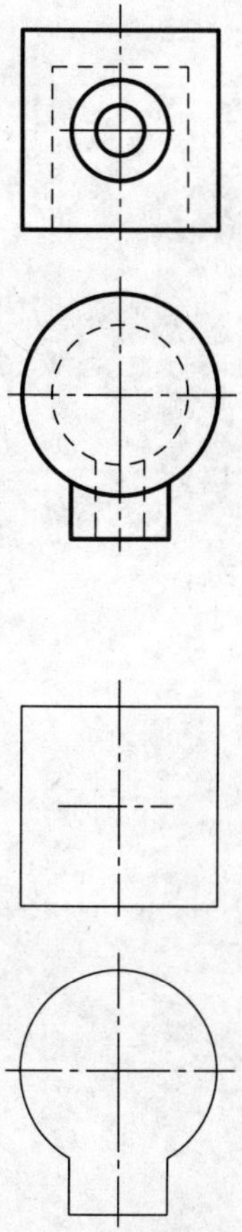

② 将主视改画成局部剖视图。

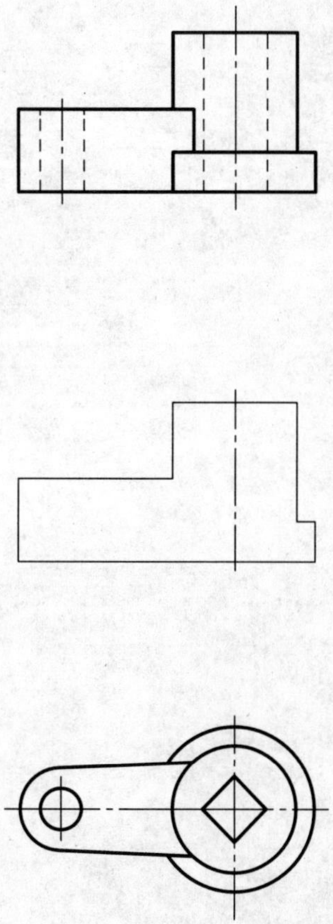

③ 将视图改画成局部剖视图。

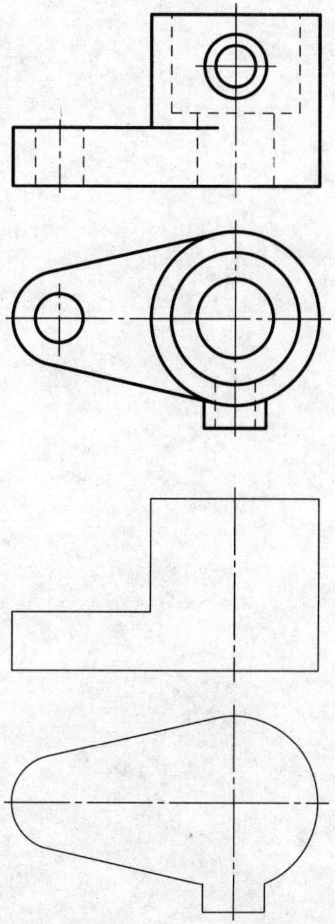

班级：　　　　学号：　　　　姓名：

④ 将视图改画成局部剖视图。

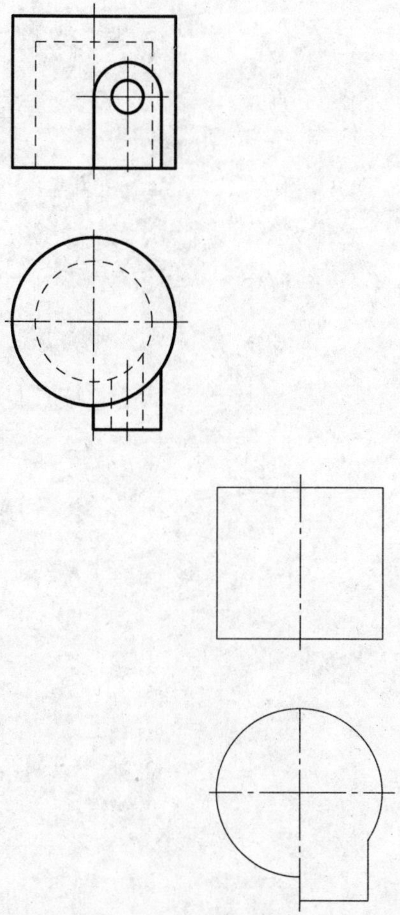

⑤ 将视图改画成局部剖视图。

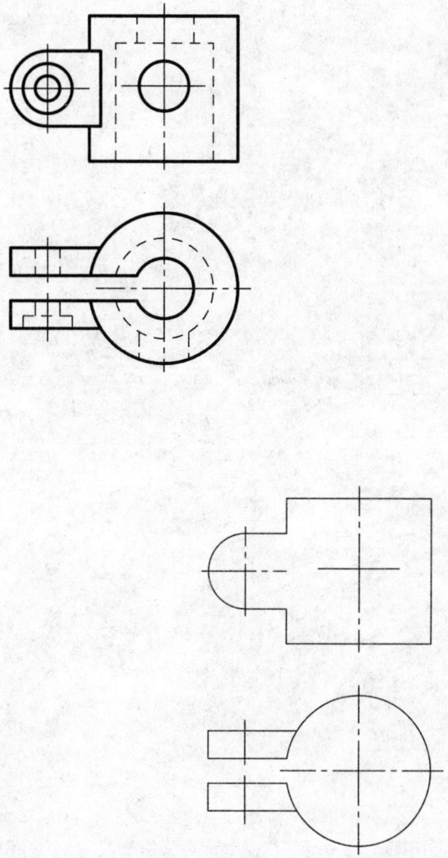

⑥ 将视图改画成局部剖视图。

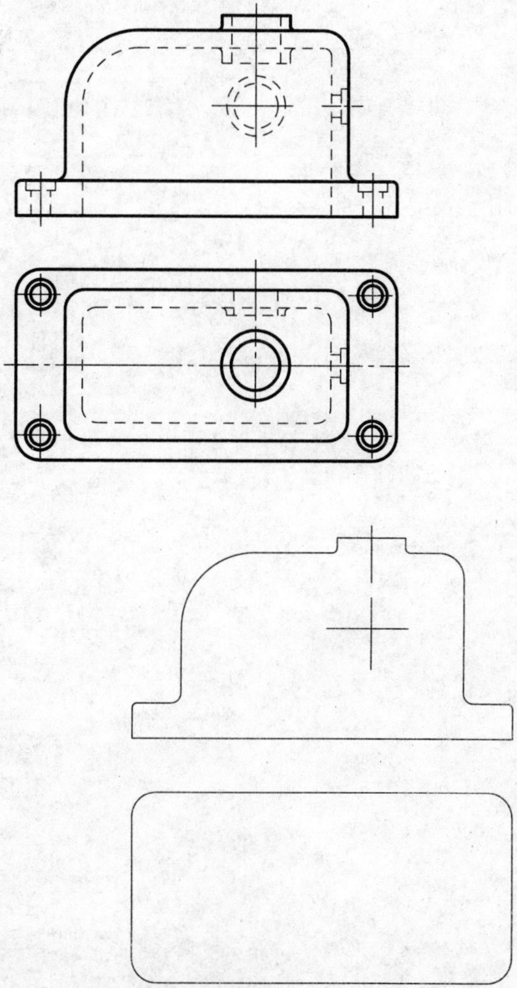

班级：　　　　学号：　　　　姓名：

（6）将下列机件作适当的剖视。

① 将主视图画成半剖，储视图改画成局部剖视图。

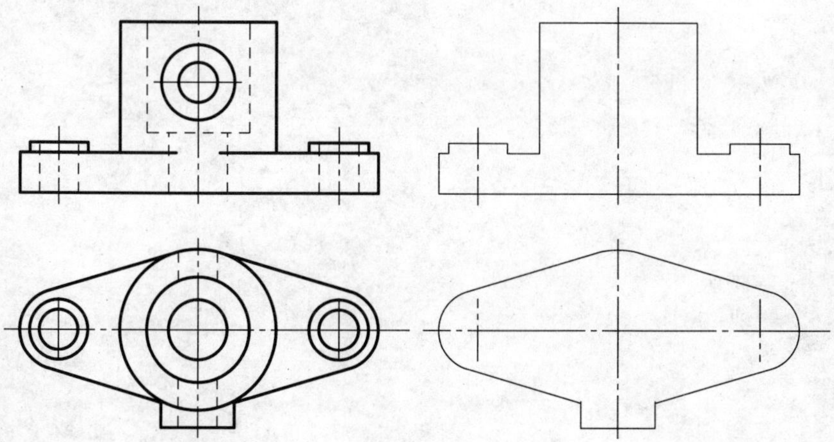

② 将主视图改画成全剖，俯视图改画成局部剖视图。

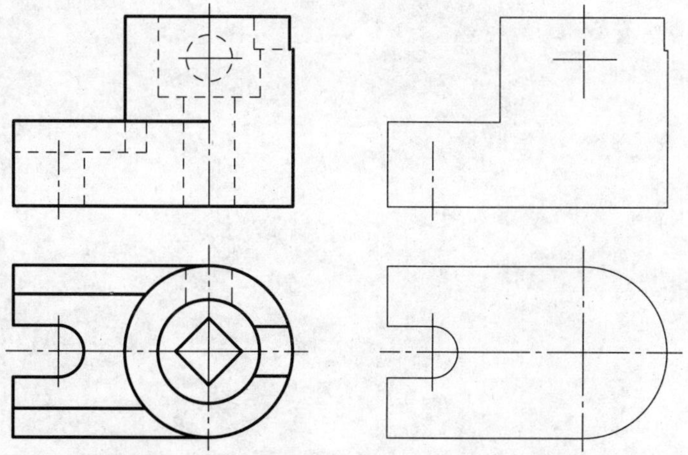

③ 画出半剖的左视图。

④ 将主、俯视图改画成局部剖视图。

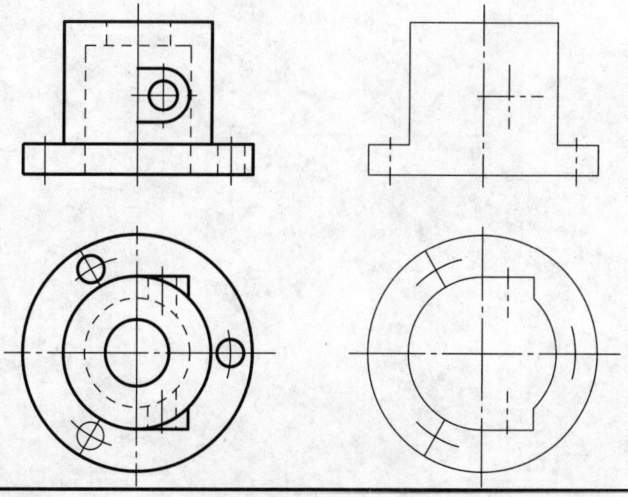

班级：　　　　学号：　　　　姓名：

(7) 多个平面剖切机件的剖视图。

① 用几个平行的剖切面剖切机件，画出剖切后的主视图，并标注。

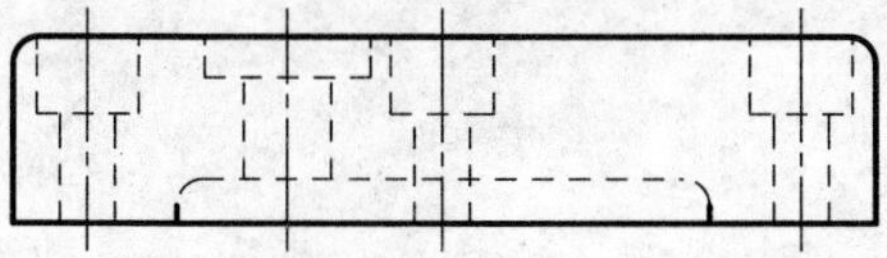

A—A

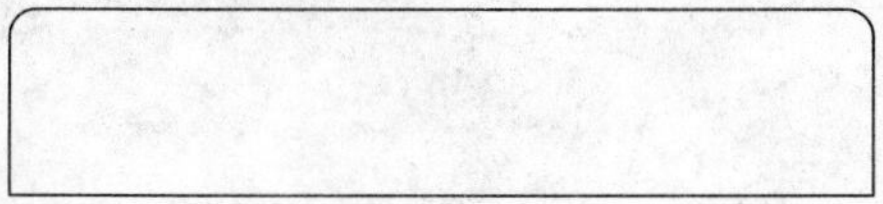

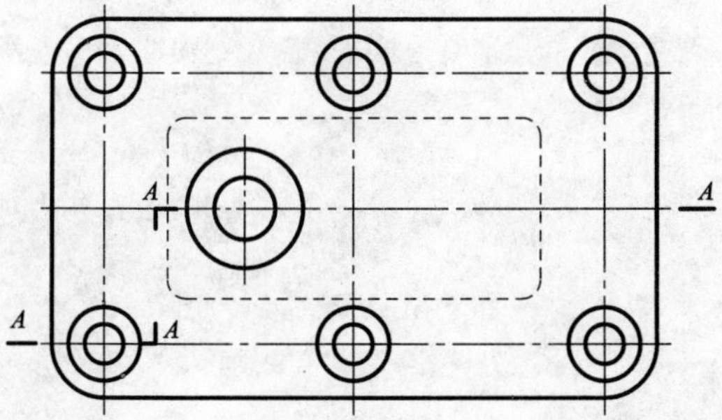

② 用几个平行的剖切面剖切机件，画出剖切后的主视图，并标注。

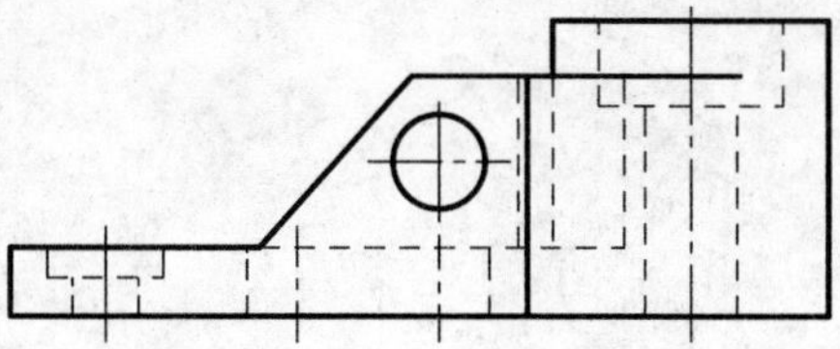

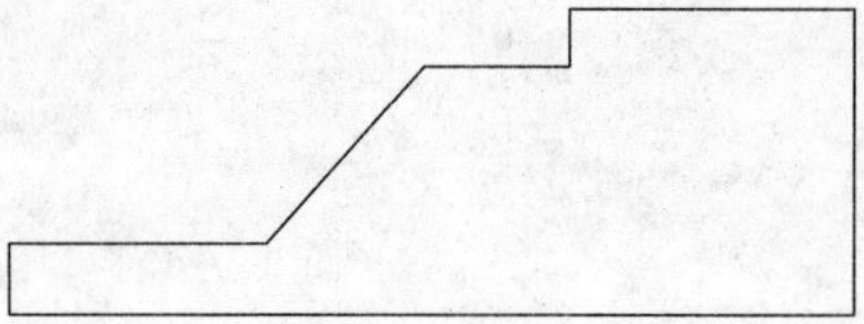

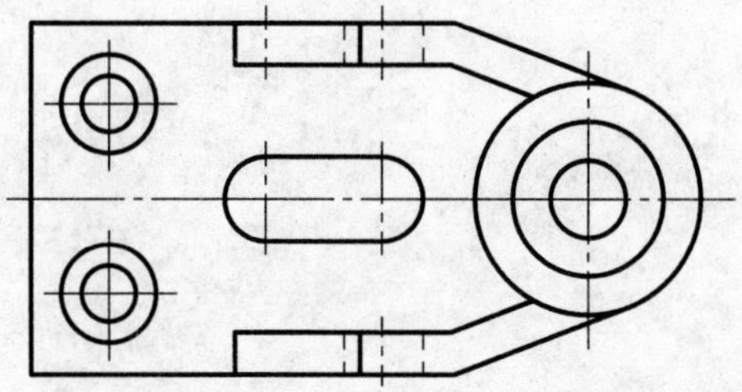

班级：　　　　学号：　　　　姓名：

③ 用几个平行的剖切面剖切机件，画出剖切后的主视图，并标注。

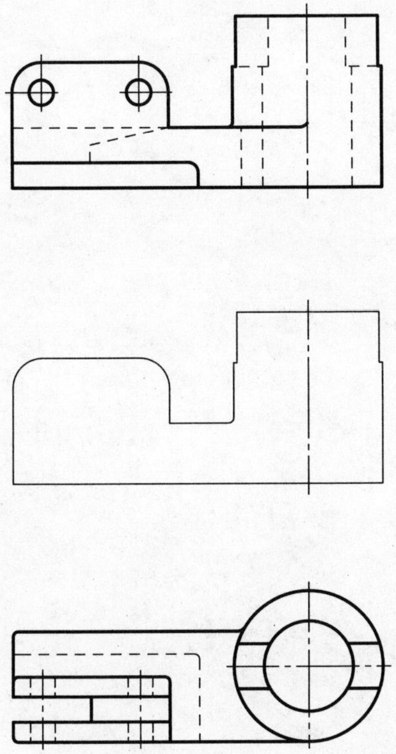

④ 用几个相交的剖切面切机件，画出剖切后的主视图，并标注。

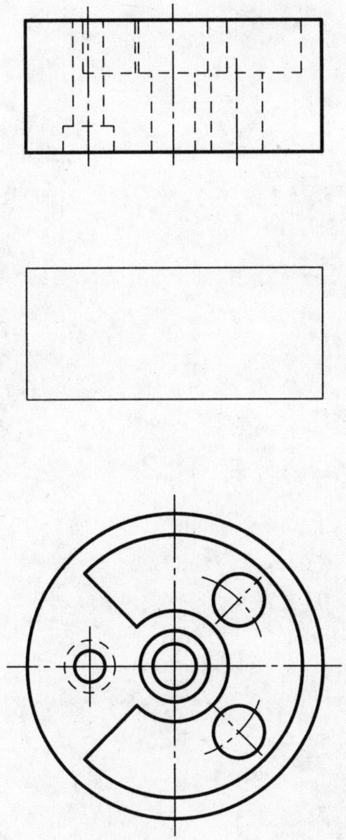

班级：　　　　学号：　　　　姓名：

⑤用几个相交的剖切面剖切机件，画出剖切后的主视图，并标注。

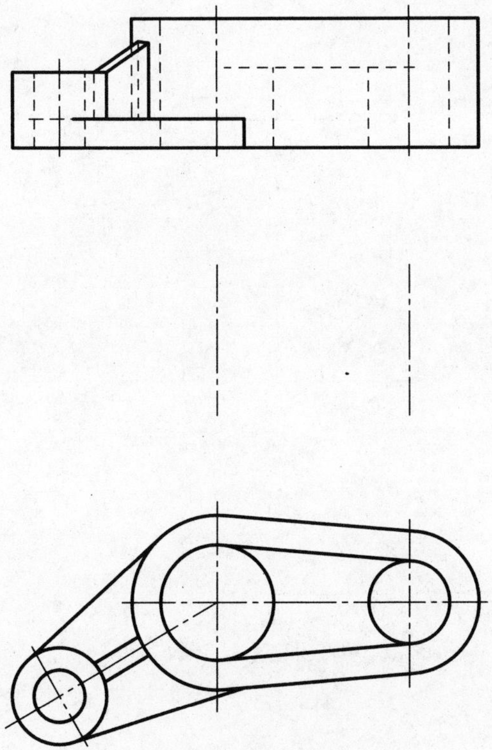

⑥用几个相交的剖切面剖切机件，画出剖切后的主视图，并标注。

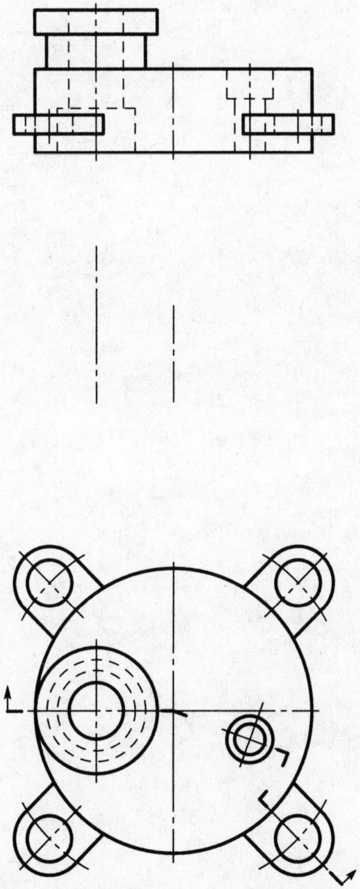

班级：　　　　　　学号：　　　　　　姓名：

⑦ 用与投影面倾斜的剖切面剖切机件，画出剖切后的斜剖视图，并标注。

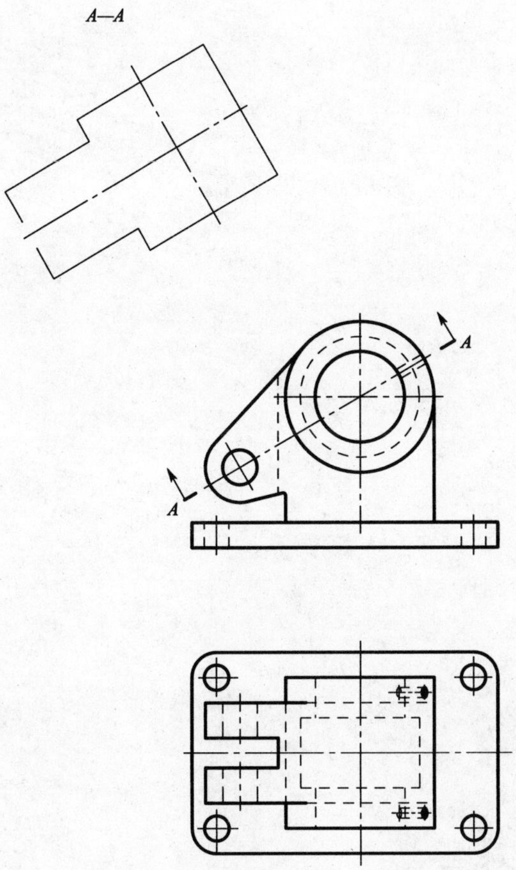

⑧ 用与投影面倾斜的剖切面剖切机件，画出剖切后的斜剖视图，并标注。

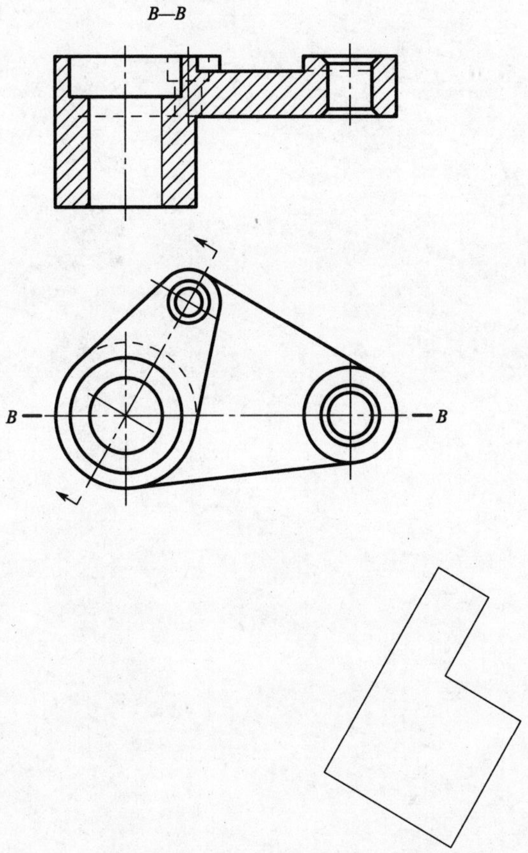

班级：　　　　学号：　　　　姓名：

3．用适当的表达方法表达下列机件。

①画出复合剖切后的主视图。

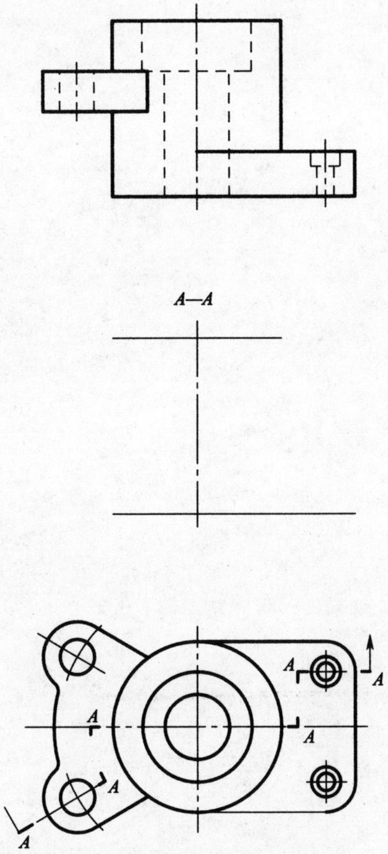

②看懂原视图，选用适当的方法重新表达机件（提示：主视图半剖，左视图全剖，俯视图画外形。）

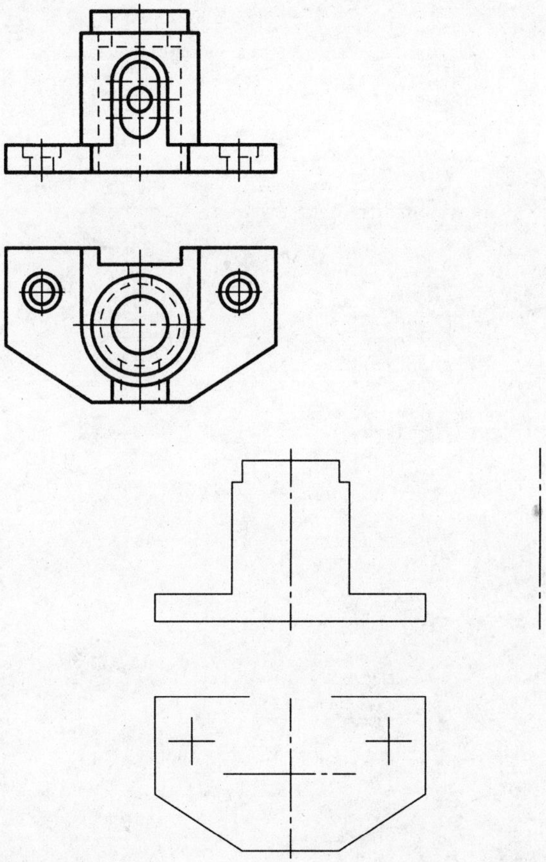

班级：　　　　学号：　　　　姓名：

③

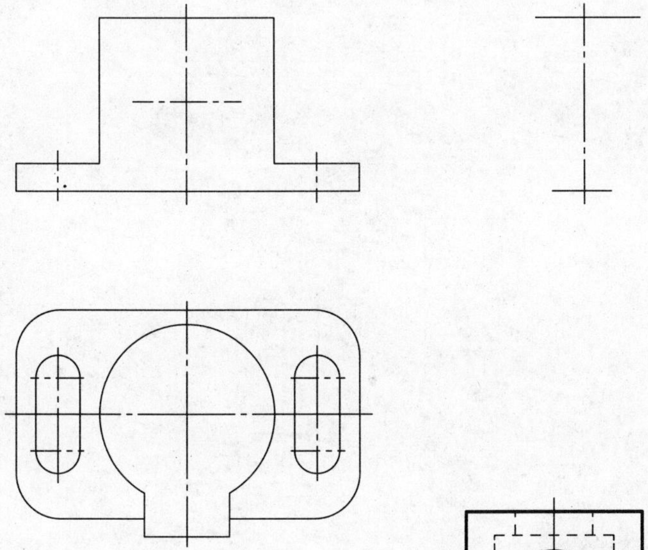

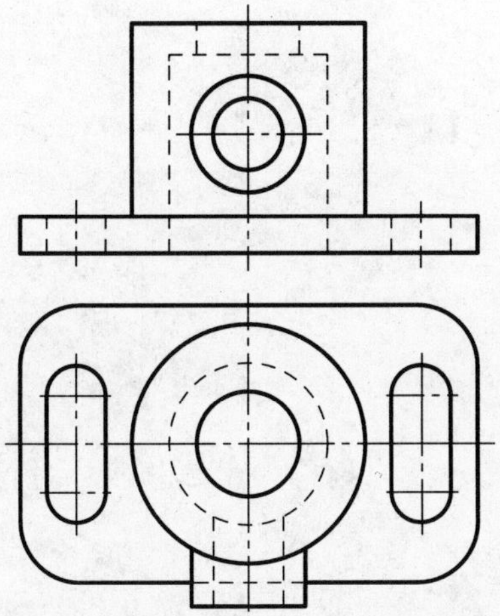

作业要求：
· 把主视图改画成半剖视图；
· 补画全俯视图，左视图作全剖视图；
· 标注尺寸和剖切平面位置；
· 尺寸数值从图中直接量取整数。

④

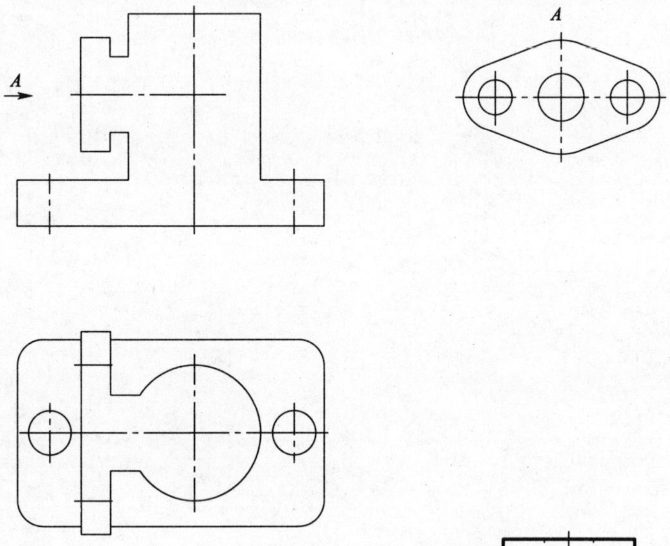

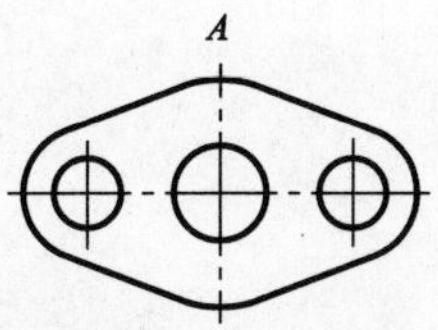

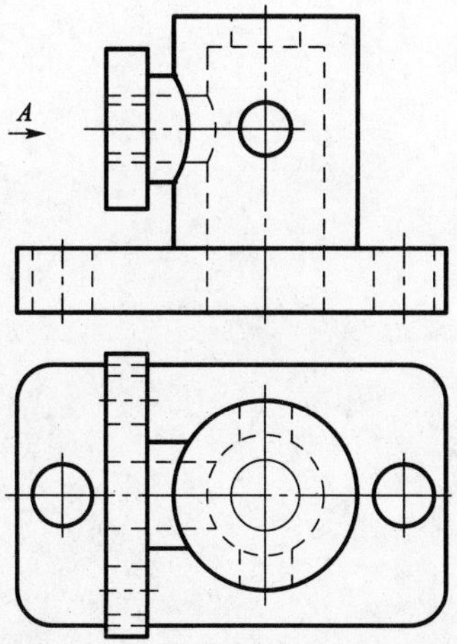

作业要求：
· 主视图改画成全剖视图；
· 俯视图改画成半剖视图；
· 要求标尺寸和剖切平面位置；
· 尺寸数值从图中直接量取整数。

班级：　　　　学号：　　　　姓名：

4．断面表达方法。

① 在指定位置画出轴的断面图（左端键槽深4mm，右端键槽深3mm。

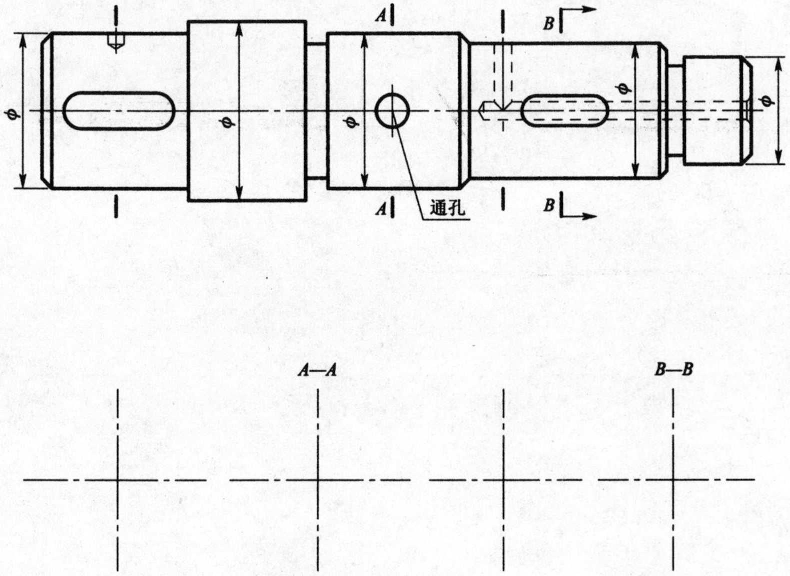

② 画出A—A断面图。

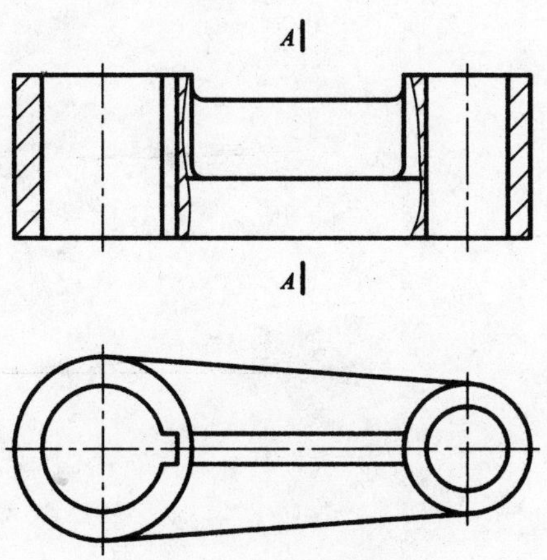

③ 在指定位置画出移出断面图。

班级：　　　　学号：　　　　姓名：

5．规定画法和简化画法。

（1）按剖视图的简化画法，在指定位置将主视图改画成全剖视图图。

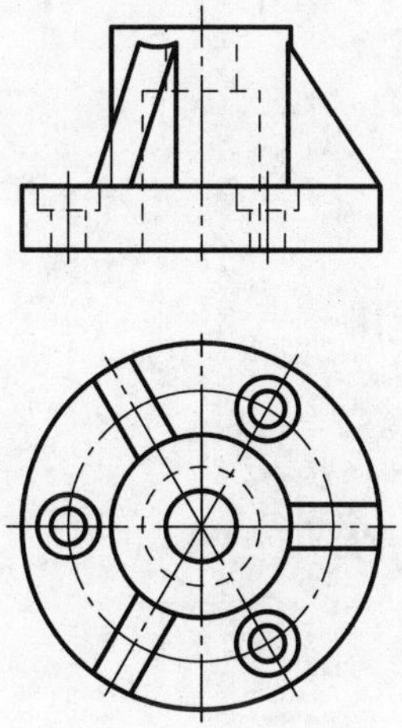

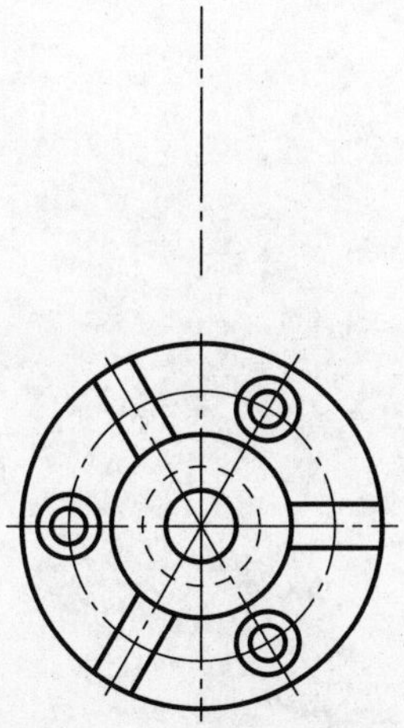

（2）完成机件的视图。

① 在指定位置将左视图改画成全剖视图；② 俯视图画成*A*—*A*剖视图。

A—*A*

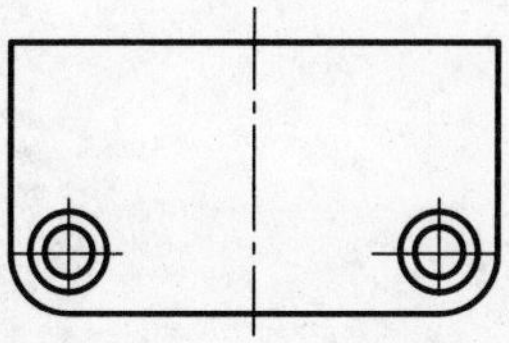

班级：　　　　学号：　　　　姓名：

6．选用适当的表达方法在图纸上表达下列机件（大作业）。

作业要求

1．目的、内容和要求

根据所给机件的视图，选择适当的表达方案，将机件的内外形状表达清楚，并标注尺寸，任选一题。

2．图名、图幅和比例

（1）图名：机件表达方法。

（2）图幅：A3。

（3）比例：1∶1。

3．绘图步骤及注意事项

（1）对所给机件的视图进行分析，确定表达方案。

（2）根据规定图幅、比例布置视图在图纸中的位置，预留标注尺寸的空间。

（3）仔细校核后加粗。

（1）

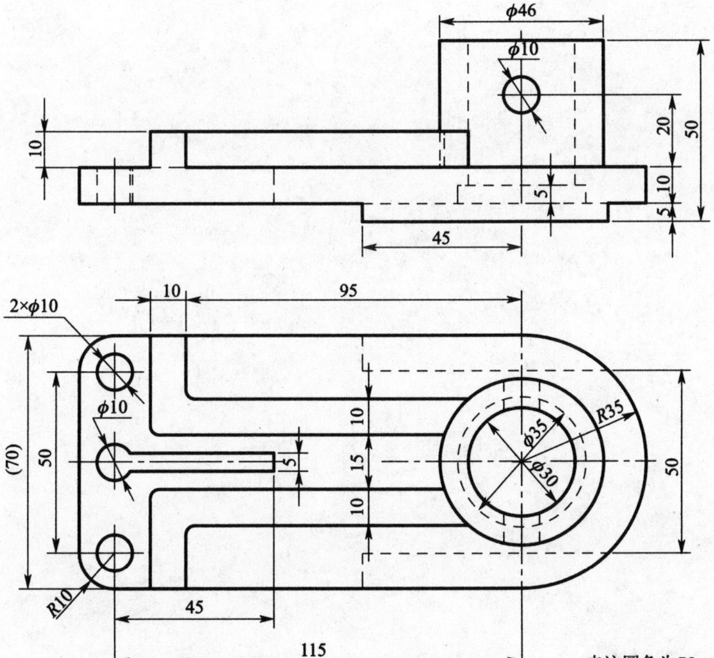

未注圆角为R2

（2）

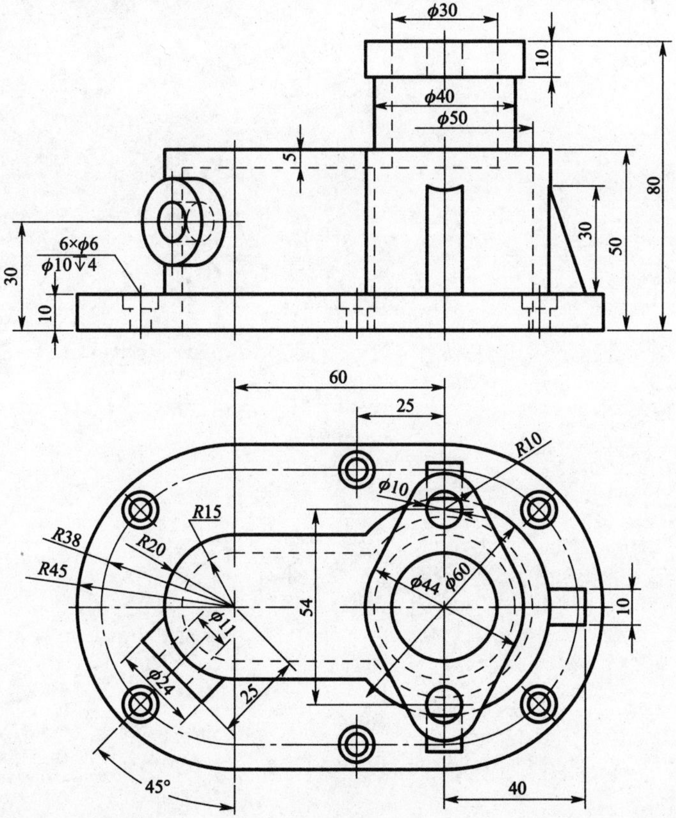

班级：　　　　学号：　　　　姓名：

7. 识读和绘制机件的第三角画法。

（1）已知机件的轴测图及主视图，按第三角投影绘制机件的其他5个基本视图。

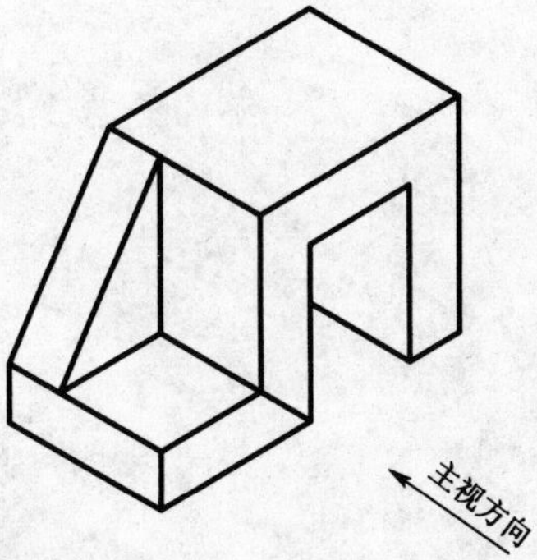

（2）已知机件的主、右视图，绘制机件的俯、仰视图。

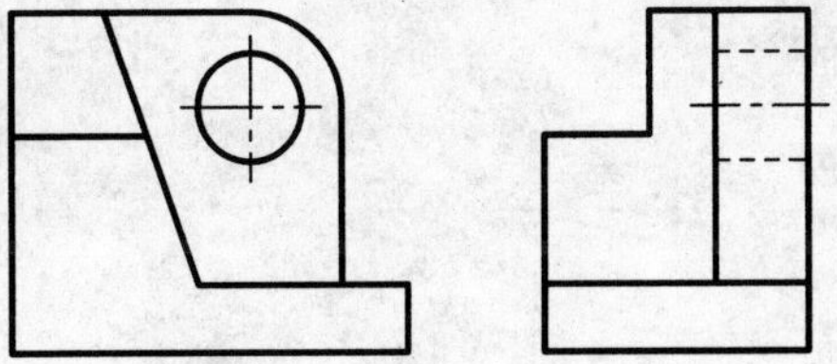

班级： 学号： 姓名：

（3）已知机件的两视图，按第三角画法补画第三视图中漏线或第三视图。

①补画右视图中的漏线。

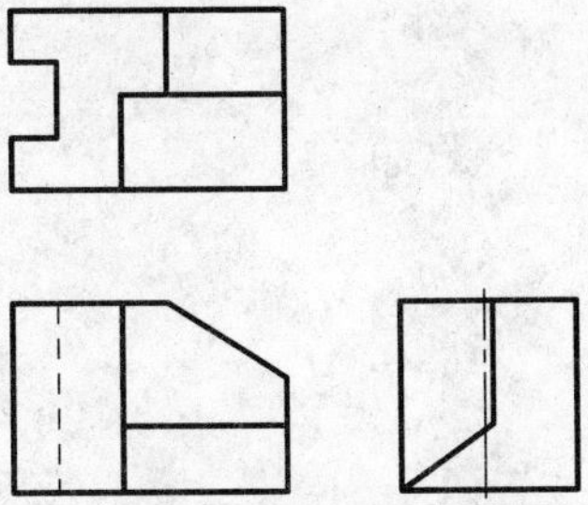

②补画右视图中的漏线。

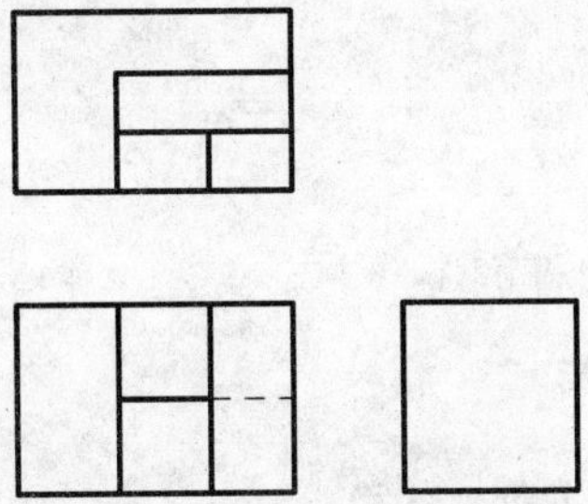

③补画右视图中的漏线。

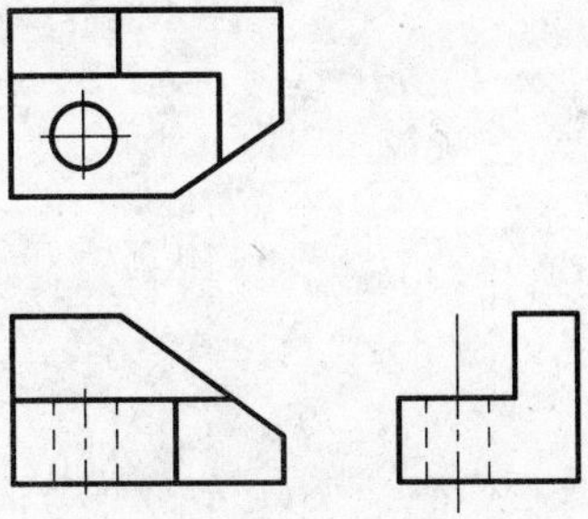

④补画第三视图。

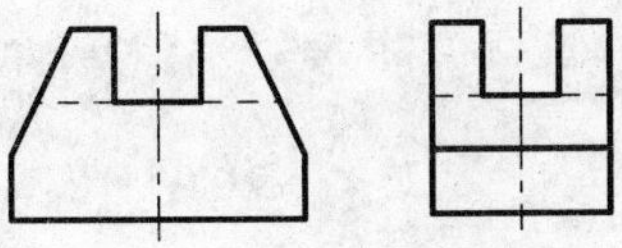

⑤补画第三视图。

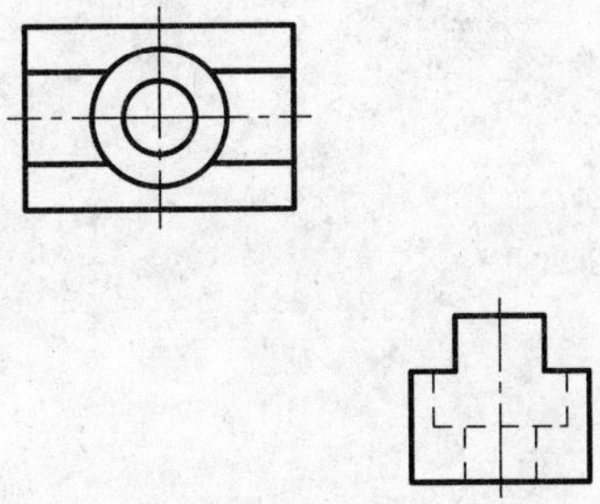

⑥补画第三视图。

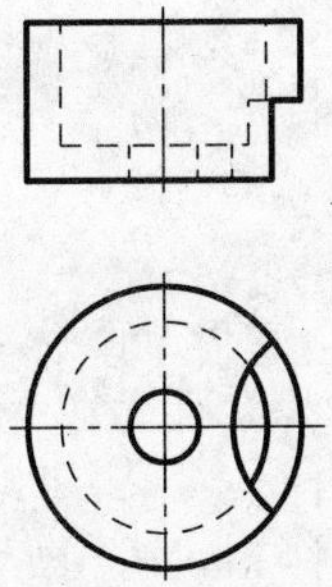

班级：　　　　学号：　　　　姓名：

学习情境三　绘制常用件的图形

任务一　绘制螺纹及螺纹紧固件的图样

1. 分析下列螺纹及螺纹连接画法中的错误，并在空白处或指定位置画出正确的图形。

（1）

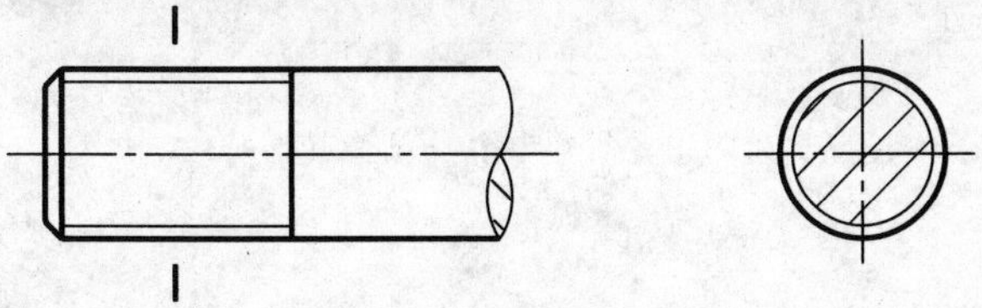

（2）

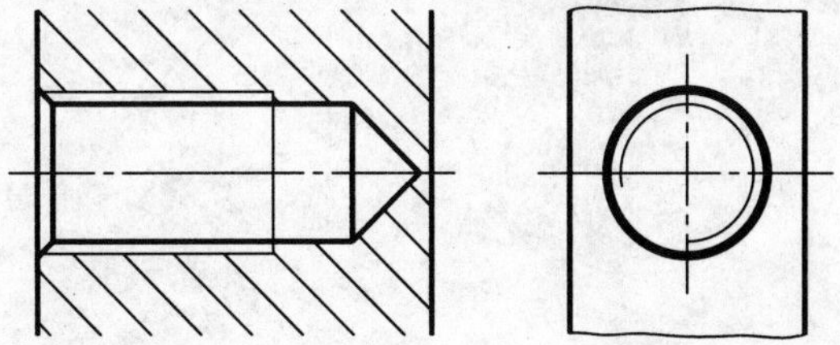

（3）

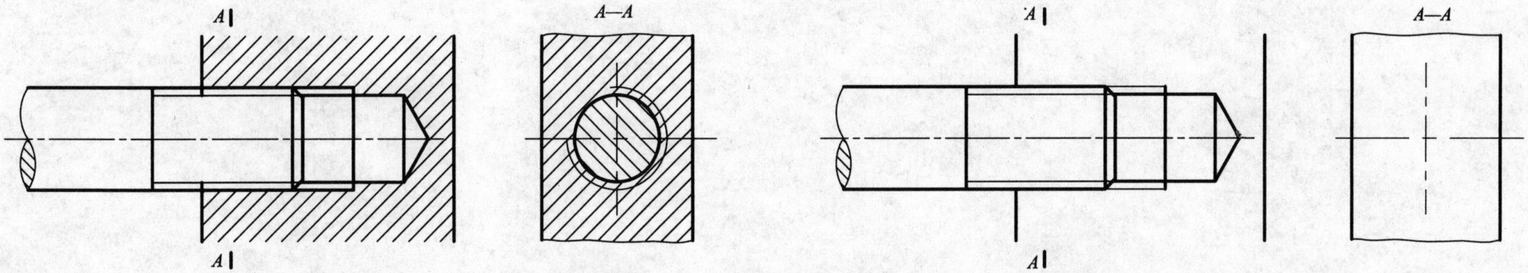

班级：　　　　　　学号：　　　　　　姓名：

2．根据已知条件完成螺纹及螺纹连接练习。

（1）已知杆件的直径为ϕ20，在杆的左端制大径为M20、长度为20的粗牙螺纹，螺纹倒角C2，试画出螺杆的主、左视图。

（2）在机件的左端加工有M20的粗牙普通螺纹，钻孔深为30，螺孔深为20，螺纹倒角C2，试画出螺孔的主、左视图。

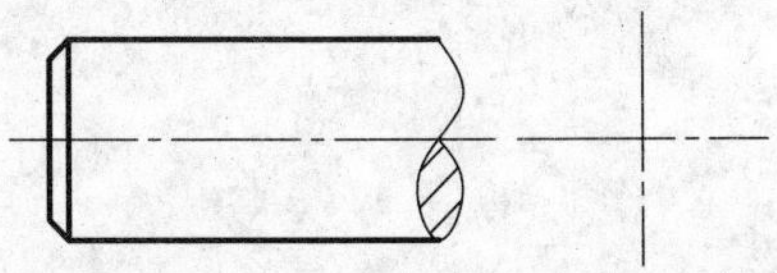

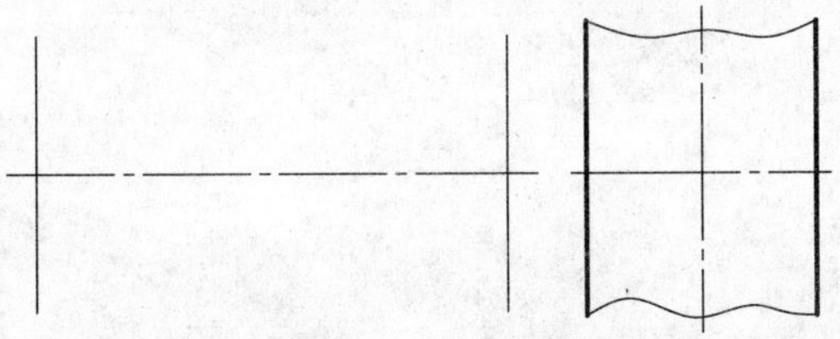

（3）将上述题1外螺纹调头，旋入题2的螺孔，旋入长度为20，画出螺纹连接的主视图。

螺纹种类	特征代号	螺纹种类	公称直径	导程	螺距	线数	公差带代号	旋向
M20—6h								
M16×1—5g6g								
M20×1.5—6g								
B32×6LH—7e								
Tr48×16(P8)LH								
G1/2								
Rc3/4								

（5）根据给定的螺纹要素，标注下列螺纹。

① 粗牙普通螺纹，大径10，螺距1.5，单线，右旋，中、顶径公差带代号为5g6g，中等旋合长度。

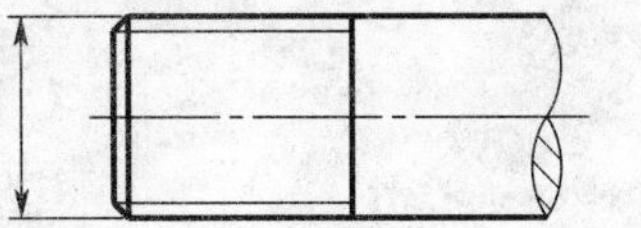

② 细牙普通螺纹，大径10，螺距1，单线，左旋，中、顶径公差带代号为7H，中等旋合长度。

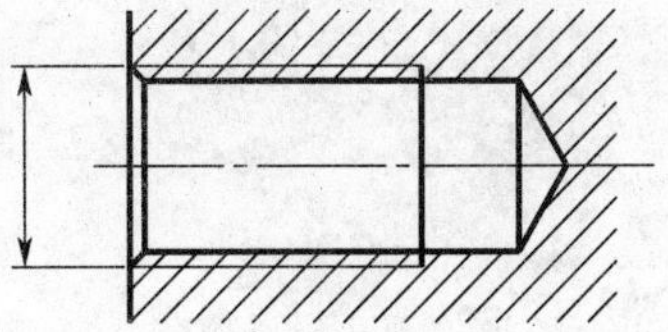

③ 梯形螺纹，大径40，螺距7，双线，左旋，中径公差带代号为7e，长旋合长度。

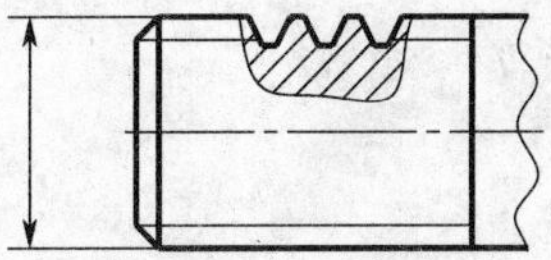

④ 非密封管螺纹，尺寸代号1/2，公差等级为A级，左旋。

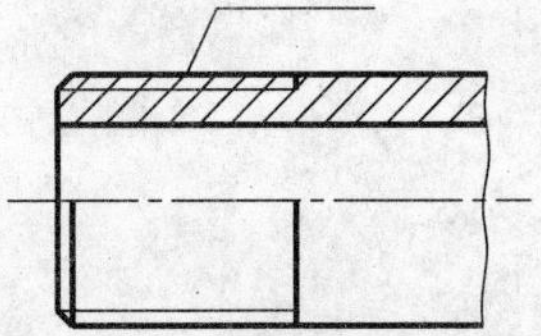

班级：　　　学号：　　　姓名：

3. 根据已知条件完成螺纹紧固件及连接练习。

（1）用比例画法完成螺栓连接图，主视图画成全剖，左视图、俯视图画成外形图。

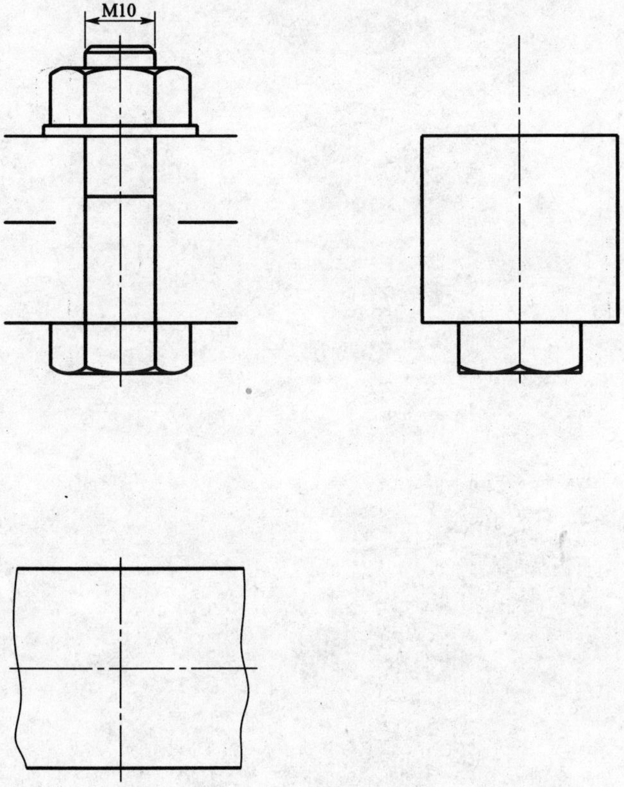

（2）用比例画法完成开槽圆柱头螺钉连接图，主视图画成全剖，俯视图画成外形图。

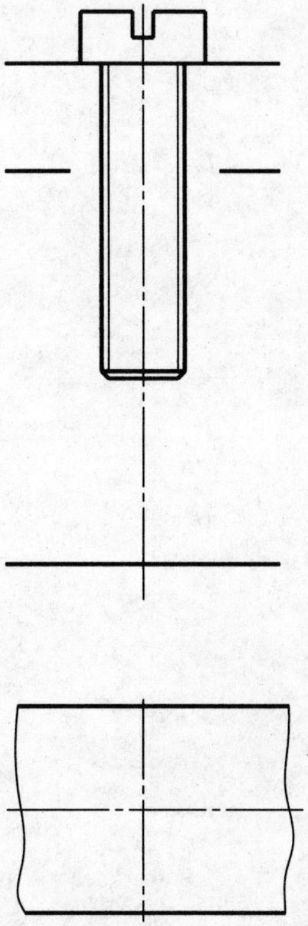

班级：　　　　学号：　　　　姓名：

（3）用比例画法完成双头螺柱连接图，主视图画成全剖，俯视图画成外形图。上面零件通孔直径1.1d，下面零件材料为铸铁，b_m=1.25d。

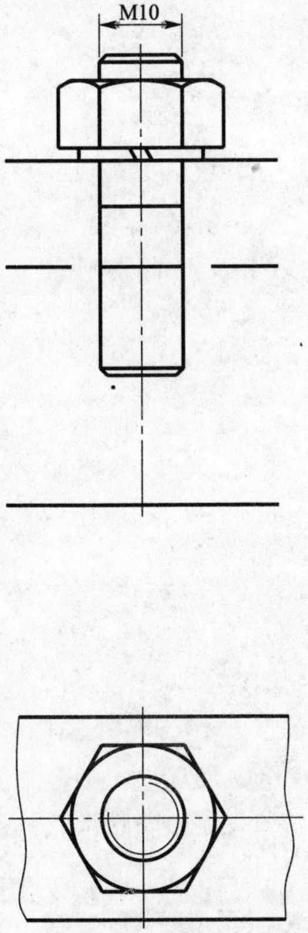

（4）用比例画法完成内六角螺钉连接图：（a）图：件1沉孔主视图改画成全剖视图，补画俯视图；（b）图：件2螺孔主视图改画成全剖视图，补画俯视图；（c）图：内六角螺钉连接装配图，主视图画成全剖视图及俯视图。

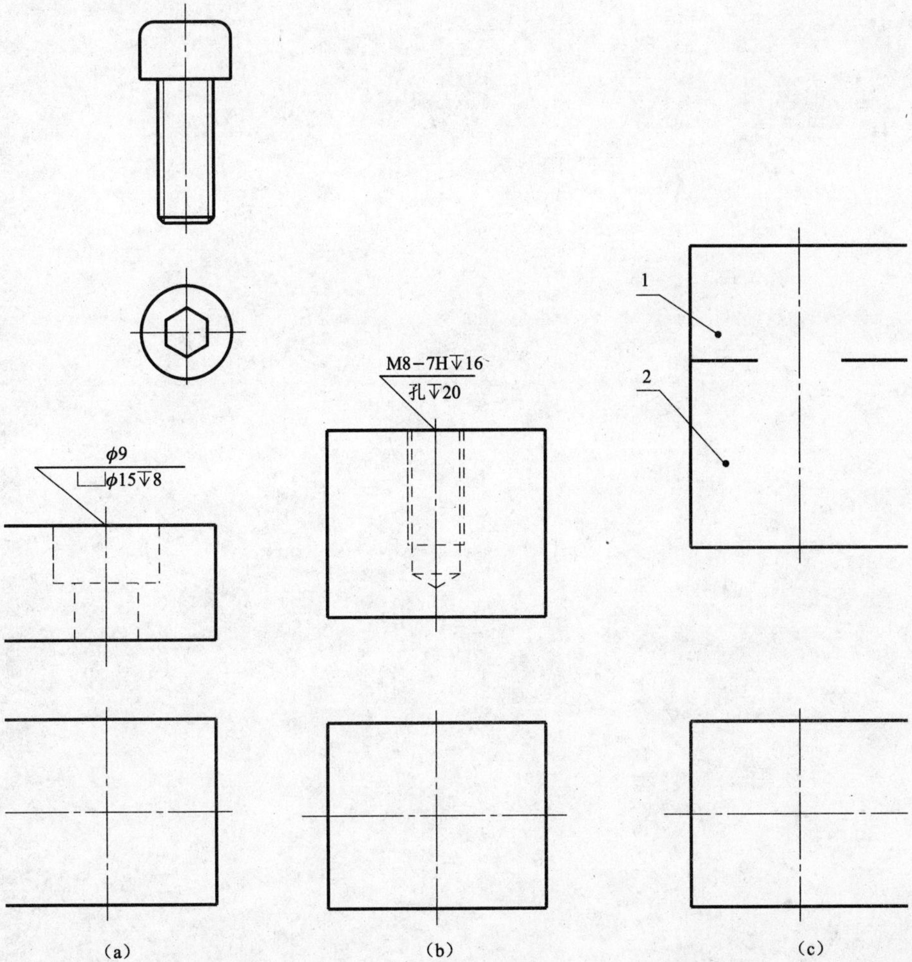

班级：　　　　学号：　　　　姓名：

4．用A3图纸，按要求绘制下列螺纹连接图。

（1）画螺栓连接的三视图（1∶1），填写标记。已知：螺栓M20×L（L计算后取标准值），螺母M20，垫圈20，t_1=30，t_2=35。

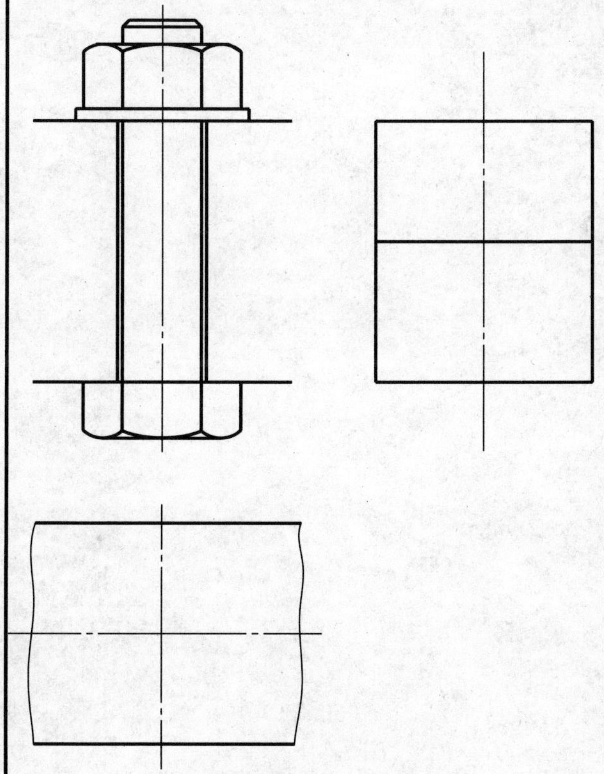

螺栓标记__________；

螺母标记__________；

垫圈标记__________。

（2）画双头螺柱连接的两视图（1∶1），填空标记。已知：螺柱M20×L（L计算后取标准值），螺母M20，弹簧垫圈20，t=30，机件厚50，材料为钢。

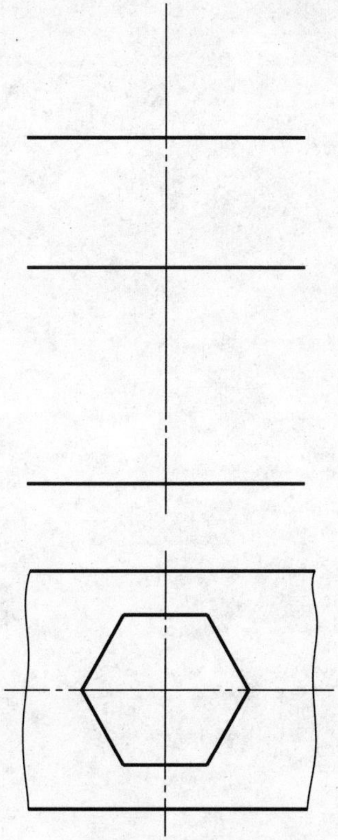

螺柱标记__________；

螺母标记__________；

垫圈标记__________。

（3）画开槽沉头螺钉连接的两视图（2∶1），填空标记。

已知：螺钉M10×L（L计算后取标准值），t=15，机件厚30，材料为铸铁

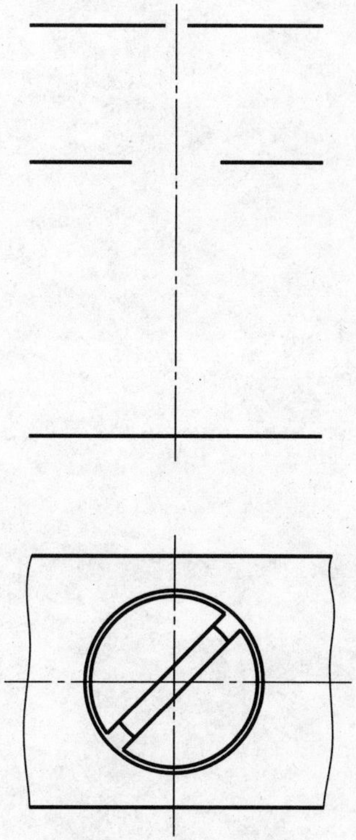

螺钉标记__________。

班级： 学号： 姓名：

任务二　绘制键、销、滚动轴承的图样

1．键、销及轴承

（1）已知齿轮和轴，用A型普通平键连接，键的长度为14。① 查表确定键和键槽的尺寸，用1∶1画全下列各视图和断面图，并标注键槽的尺寸；②写出键的规定标记。

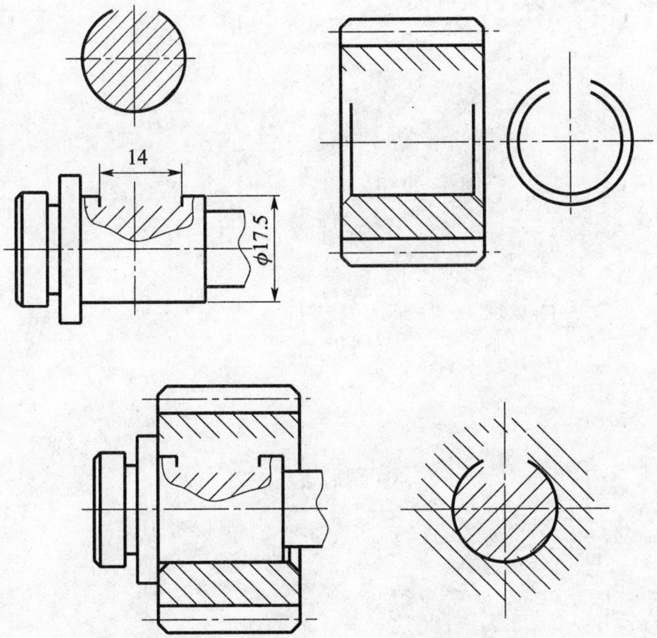

（2）销及销连接

① 选出适当长度的ϕ5圆锥销，画出销连接的装配图，并写出销的规定标记。

规定标记为＿＿＿＿＿。

② 选出适当长度的ϕ5圆柱销，画出销连接的装配图，并写出销的规定标记。

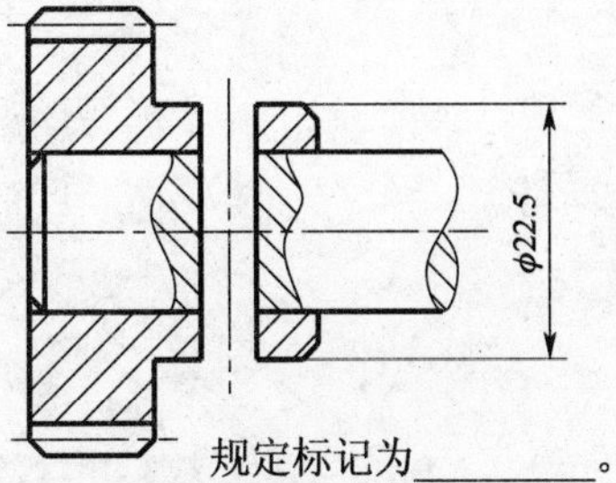

规定标记为＿＿＿＿＿。

（3）查表并用规定画法画出指定的滚动轴承，并在图上标注尺寸。

① 深沟球轴承

6206　GB/T 270—1994

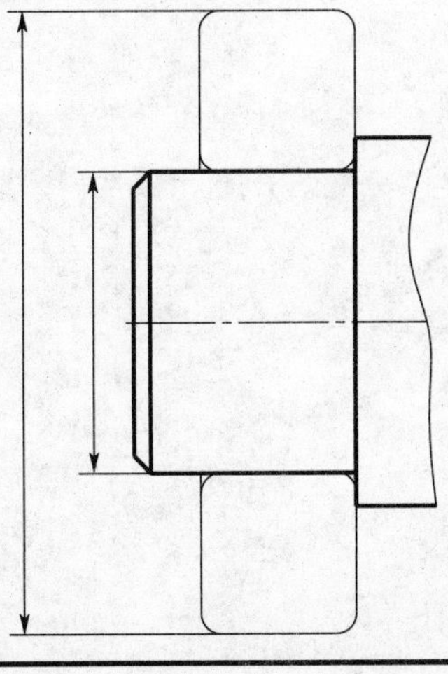

② 圆锥滚子轴承

32206　GB/T 297—1994

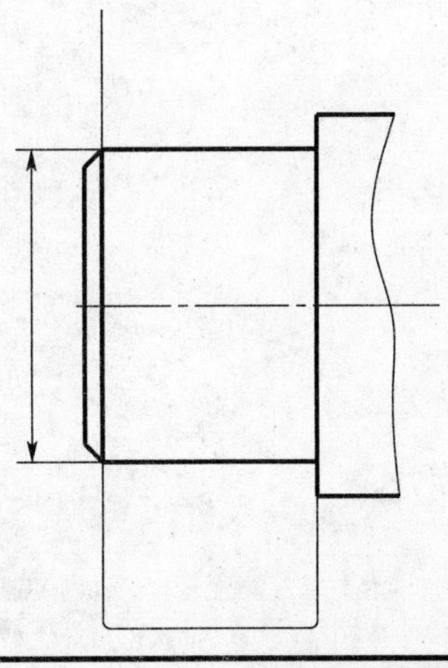

班级：　　　　　　学号：　　　　　　姓名：

任务三　绘制齿轮的图样

1．齿轮

（1）已知直齿圆柱齿轮模数$m=8$，齿数$z=27$，试计算该齿轮的分度圆、齿顶圆和齿根圆的直径，用1∶2的比例完成下列两视图，并标注尺寸（轮齿部分倒角为$C3$）。

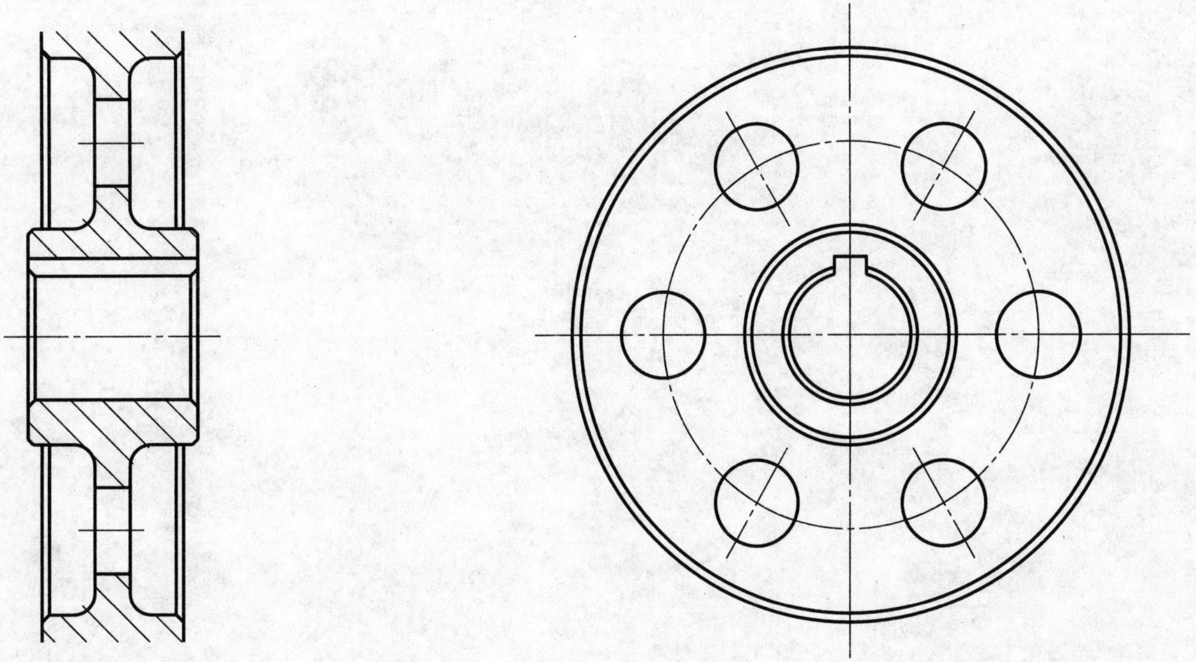

班级：　　　　　　学号：　　　　　　姓名：

2．齿轮啮合

已知大齿轮模数$m=6$，齿数$z=25$，两齿轮的中心距为108，试计算大小两齿轮的分度圆、齿顶圆和齿根圆直径及传动比，用1∶2的比例完成下列两视图。

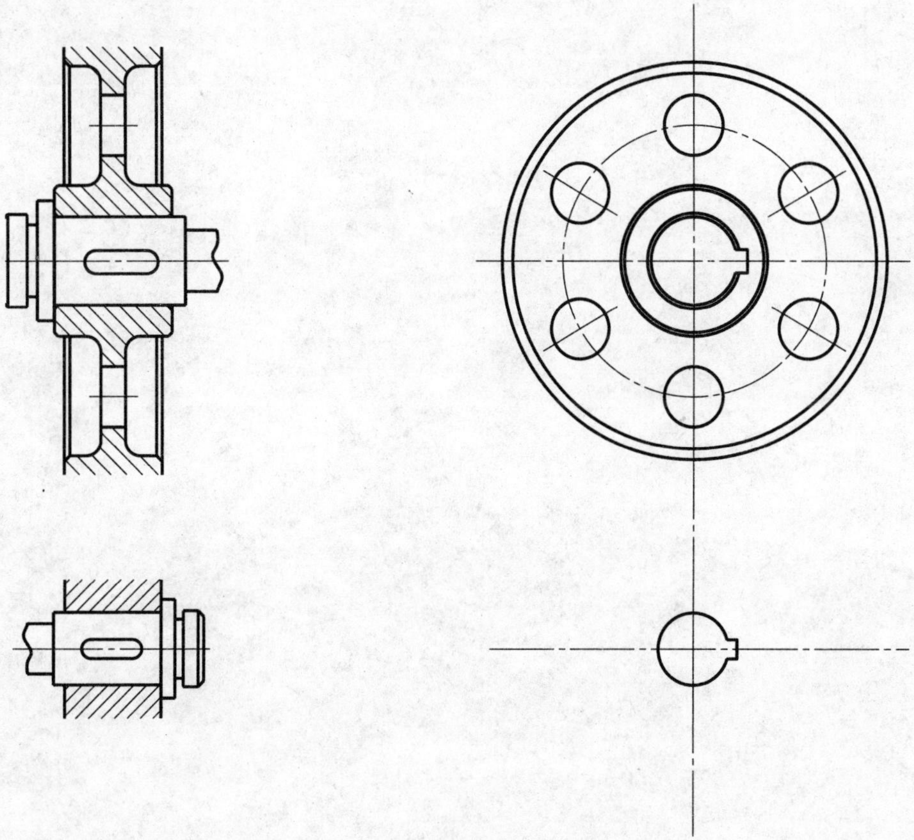

分度圆直径：

$d_1=$

$d_2=$

齿轮圆直径：

$d_{a1}=$

$d_{a1}=$

齿根圆直径：

$d_{f1}=$

$d_{f2}=$

$i=$

班级：　　　　学号：　　　　姓名：

任务四　绘制弹簧的图样

1．弹簧

（1）已知圆柱螺旋压缩弹簧簧丝直径d=6，弹簧外径D_2=40，节距t=12，总圈数n_1=7.5，有效圈数n_0=5，右旋。用1∶1的比例画出弹簧的视图（（a）图）及全剖视图（（b）图），并标注尺寸。

（a）

（b）

班级：　　　　　　学号：　　　　　　姓名：

学习情境四　识读和绘制典型零件图

任务一　识读零件图和典型零件图

1．读轴的零件图，填空并作图。

（1）该零件主视图选择符合________原则和________原则。

（2）A—A、B—B的表达方法是________，I 处的表达方法是________。

（3）键槽的定位尺寸是________，长度________，宽度________，深度________。

（4）M22×1.5—6g的含义是：____。

（5）尺寸C2中，C表示________，2表示________；□22中，22表示________；ϕ7↧3中，ϕ7表示________，↧3表示________。

（6）ϕ50n6的含义：ϕ50为__________，n为__________，6为________；若查表ϕ50的IT6＝0.016，n的ei＝+0.017，则其偏差值为__________。

（7）|◎|ϕ0.03|A—B| 的含义：表示被测要素为__________，基准要素为__________，公差项目为__________，公差值为__________。

（8）在图中指定位置处画出C—C移出断面图。（注意比例）

班级：　　　　　　　学号：　　　　　　　姓名：

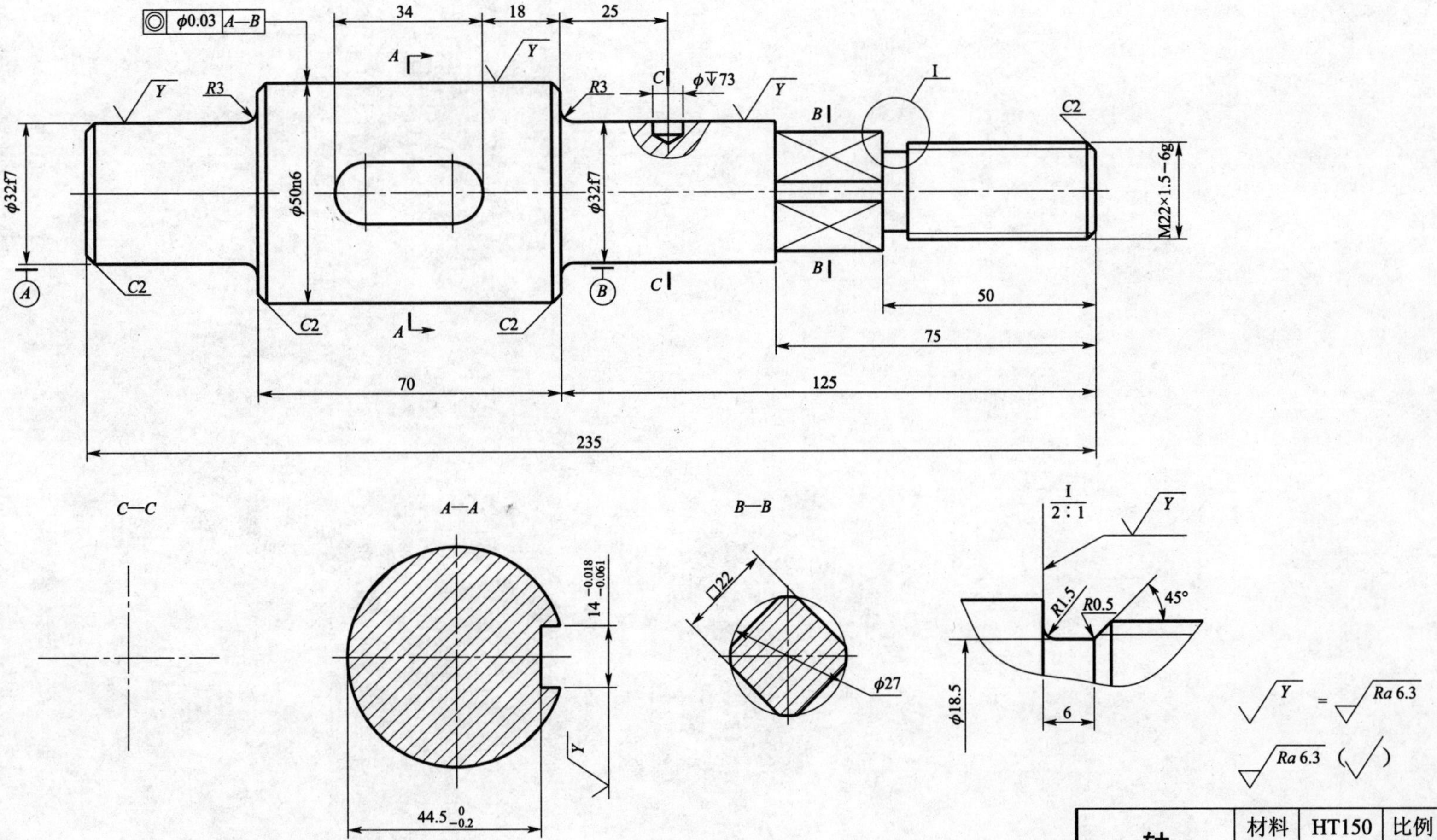

技术要求
调质220～250HBW

轴		材料	HT150	比例	
		数量		图号	
制图					
审核					

班级：　　学号：　　姓名：

2．读油缸端盖的零件图，填空并作图。

（1）________视图采用了*B*—*B*________剖视图。

（2）用指引线和文字在图上注明轴向尺寸和径向尺寸的主要基准。

（3）右端面ϕ10圆柱孔的定位尺寸为________。

（4）$\dfrac{3\times M5\text{-}7H\,\overline{\vee}\,10}{\sqcup\ 孔\,\overline{\vee}\,12}$表示________个________孔，大径为________，公差带代号为________，螺孔深为________，钻孔深为________。

（5）$\dfrac{6\phi 7}{\sqcup\,\phi 11\,\overline{\vee}\,5}$表示________个________孔，沉孔直径为________，深为________。

（6）ϕ16H7是基________制的________孔，公差等级为________。

（7）| ◎ | ϕ0.02 | *A* | 的含义：表示被测量要素为ϕ______的______，基准要素为ϕ________的________，几何特征为________，公差值为______。

（8）在图上指定位置处画出右视的外形图（虚线不画）。

班级：　　　　　学号：　　　　　姓名：

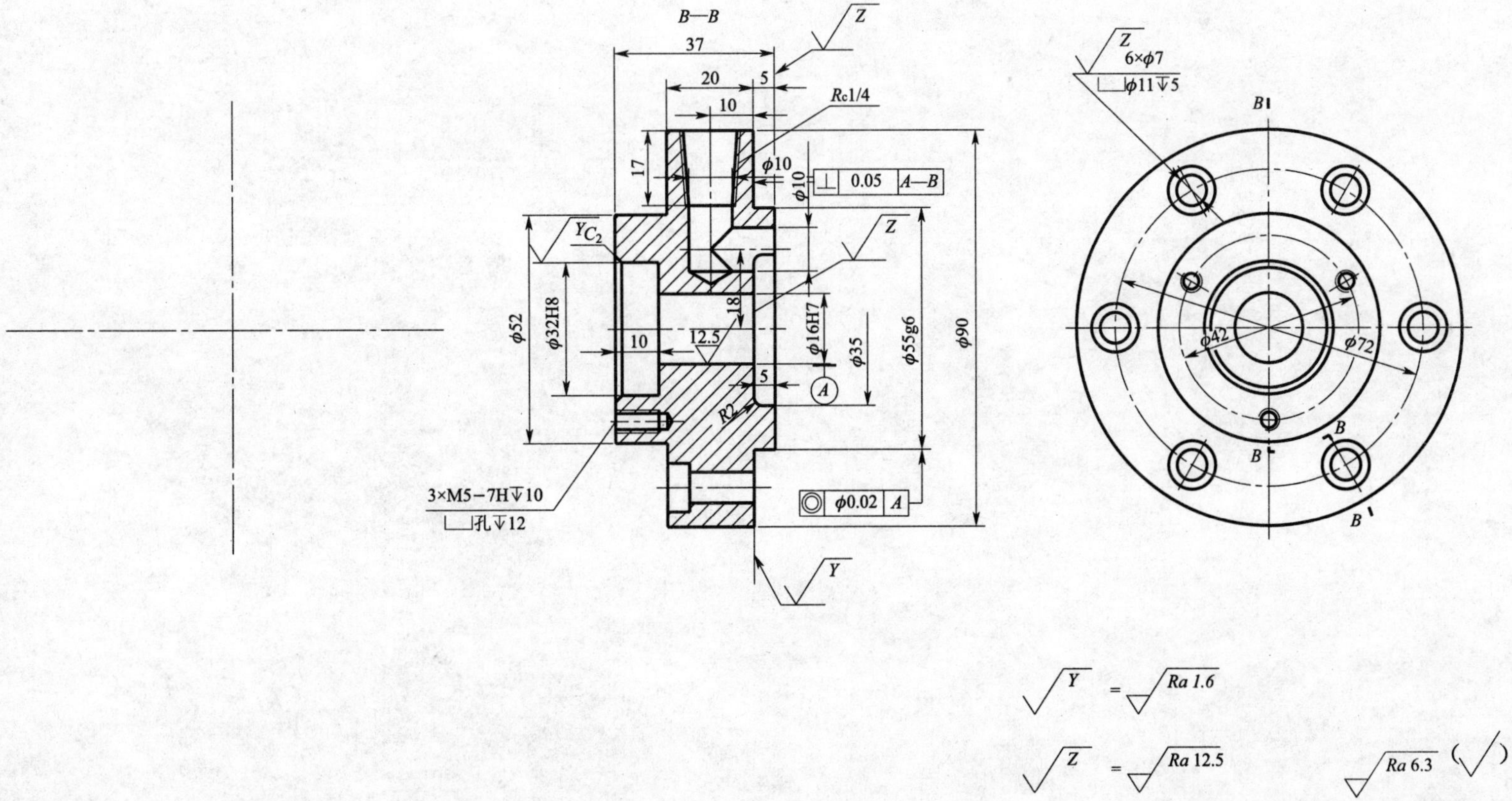

技术要求

1.铸件要求不许有砂眼、裂纹等缺陷

2.未标注铸造圆角*R*3。

3.未标注倒角*C*1。

油缸端盖		材料	HT150	比例	
		数量		图号	
制图					
审核					

班级：　　　　学号：　　　　姓名：

3．读法兰盘的零件图，填空并作图。

（1）__________视图采用了__________剖视图。图中I处的工艺结构称为__________，*C*2工艺结构称为__________。

（2）用指引线和文字在图上注明轴向尺寸和径向尺寸的主要基准。三个沉孔的定位尺寸是__________。

（3）ϕ32H7是基__________制的__________孔，已知ϕ32的IT7＝0.25。在图中括号内填写上、下偏差值。

（4）ϕ75k7为基__________制的__________配合的轴。已知ϕ75的IT7＝0.030，k的ei＝+0.002，在图中括号内填写上、下偏差值。

（5）| ◎ | ϕ0.04 | *A* | 的含义：被测要素是__________，基准要素是__________，公差项目是__________，公差值是__________。

（6）将文字说明的形位公差标在图上：左端面对ϕ32H7轴线的垂直度公差为0.02。

（7）零件表面要求最高的粗糙度代号为__________，要求最低的粗糙度代号为__________。

（8）完成*K*向视图。

班级：　　　　　　学号：　　　　　　姓名：

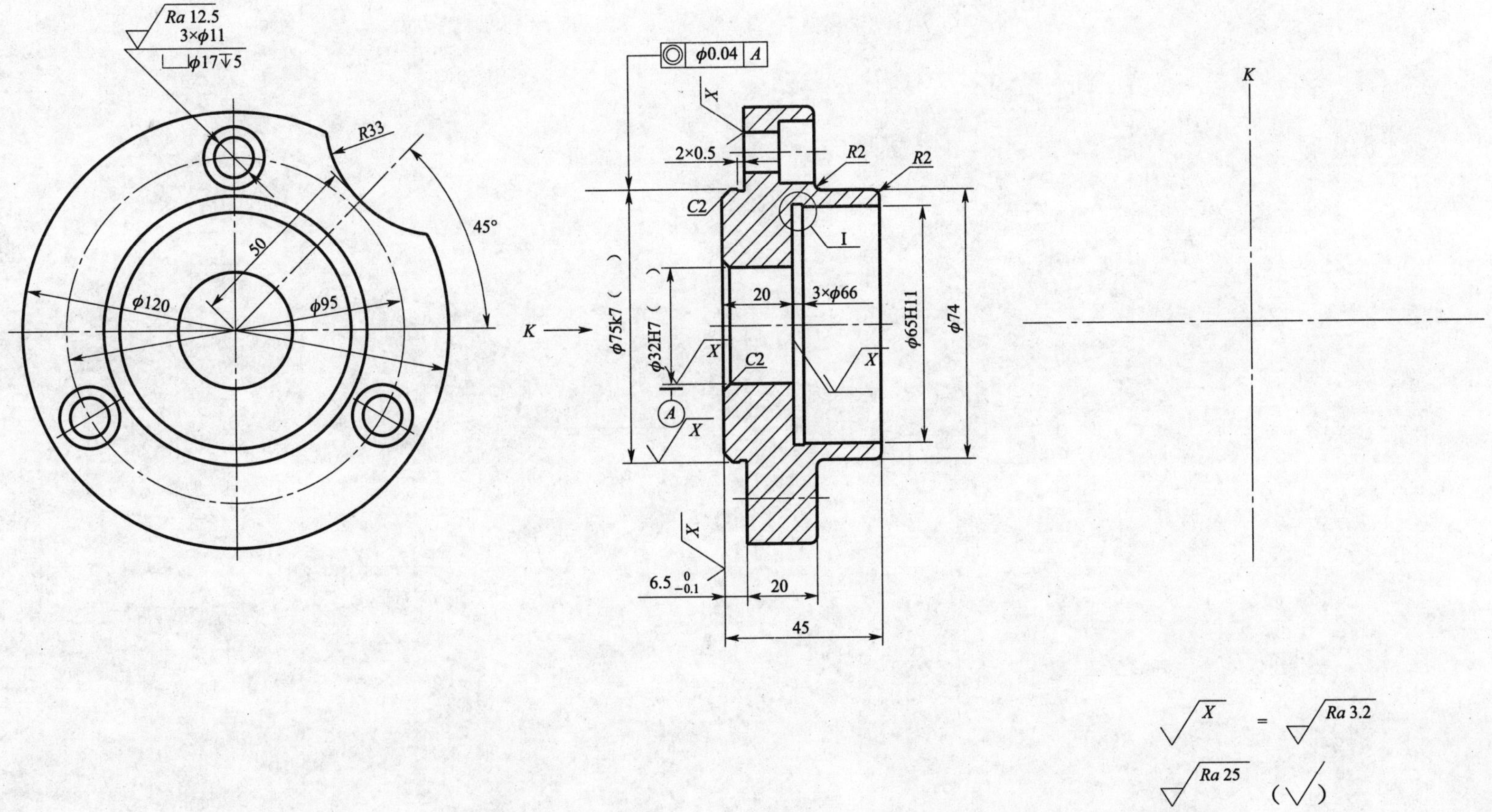

技术要求

1. 铸件要求不许有砂眼、裂纹等缺陷。
2. 未标注铸造圆角$R3$。
3. 未标注倒角$C1$。

法兰		材料	HT150	比例	
		数量		图号	
制图					
审核					

班级：　　学号：　　姓名：

4．读托架的零件图，填空并作图。

（1）主视图中有两处采用了________剖，*B*图采用的表达方法是________，*C*图采用的表达方法是________。

（2）用指引线和文字指出长、宽、高三个方向的主要尺寸基准。

（3）托架的总长________，总宽________，总高________。

（4）说明下列尺寸的类型（定形、定位）：

120是_____尺寸，70_____是尺寸，ϕ35是_____尺寸，86是_____尺寸，*R*50是_____尺寸，15是_____尺寸。

（5）说明下列尺寸的含义。

2×M8－6H：____

（6）ϕ35H8是基________制的________孔，标准公差等级为________级，查表其公差值为________，在图中括号内填写上、下偏差值。

（7）|⊥|ϕ0.015|*A*| 的含义：表示被测要素为________，基准要素为________，几何特征为________，公差值为________。

（8）托架的加工表面中，要求最光洁的表面是________。其余√表示：____。

（9）在图中按指定位置处完成左视图。

班级：　　　　　　　学号：　　　　　　　姓名：

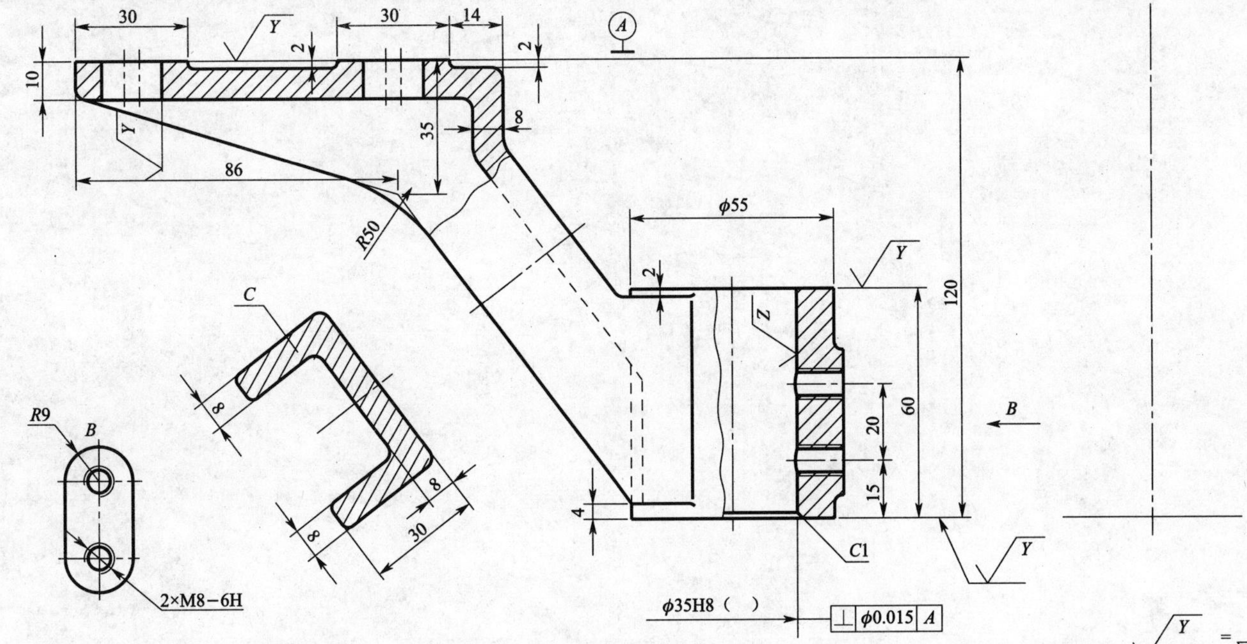

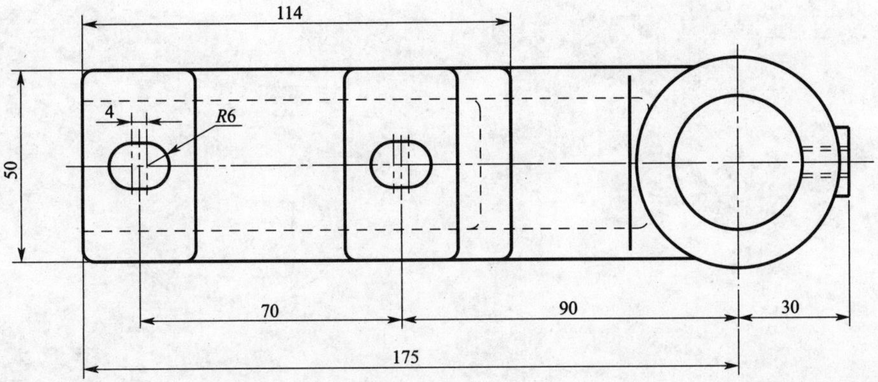

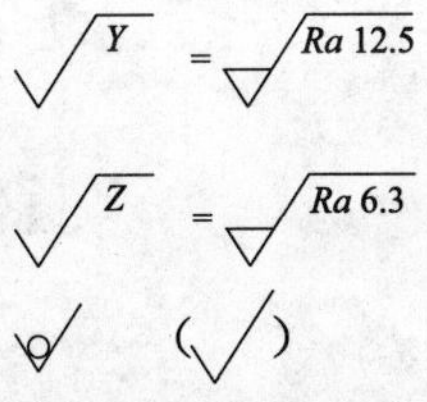

技术要求

1. 铸件要求不许有砂眼、裂纹等缺陷。
2. 未标注铸造圆角$R3$。

托架		材料	HT150	比例	
		数量		图号	
制图					
审核					

班级：　　学号：　　姓名：

5．读泵体的零件图，填空并作图。

（1）主视图中采用了________剖，D处为________结构。俯视图采用了________剖；左视图中有一________剖。

（2）用文字指出长、宽、高三个方向的主要尺寸基准。

（3）泵体的总长________，总宽________，总高________。

（4）说明下列尺寸的类型（定形、定位）：

90是________尺寸，50是________尺寸，$\phi 50$是________尺寸，68是________尺寸，$R58$是________尺寸。15是________尺寸。

（5）说明下列尺寸的含义。

G1/2：____

M10—6H：____

（6）$\phi 48$H8是基________制的________孔，公差等级为________级，查表其公差值为________，在图中括号内填写上、下偏差值。

（7）| ◎ | $\phi 0.05$ | C | 的含义：表示被测要素为________，基准要素为________，公差项目为________，公差值为________。

（8）泵体的加工表面中，要求最光洁的表面是________；√表示：______________________________。

（9）在图中指定位置处作B—B剖视图。

班级：　　　　　　学号：　　　　　　姓名：

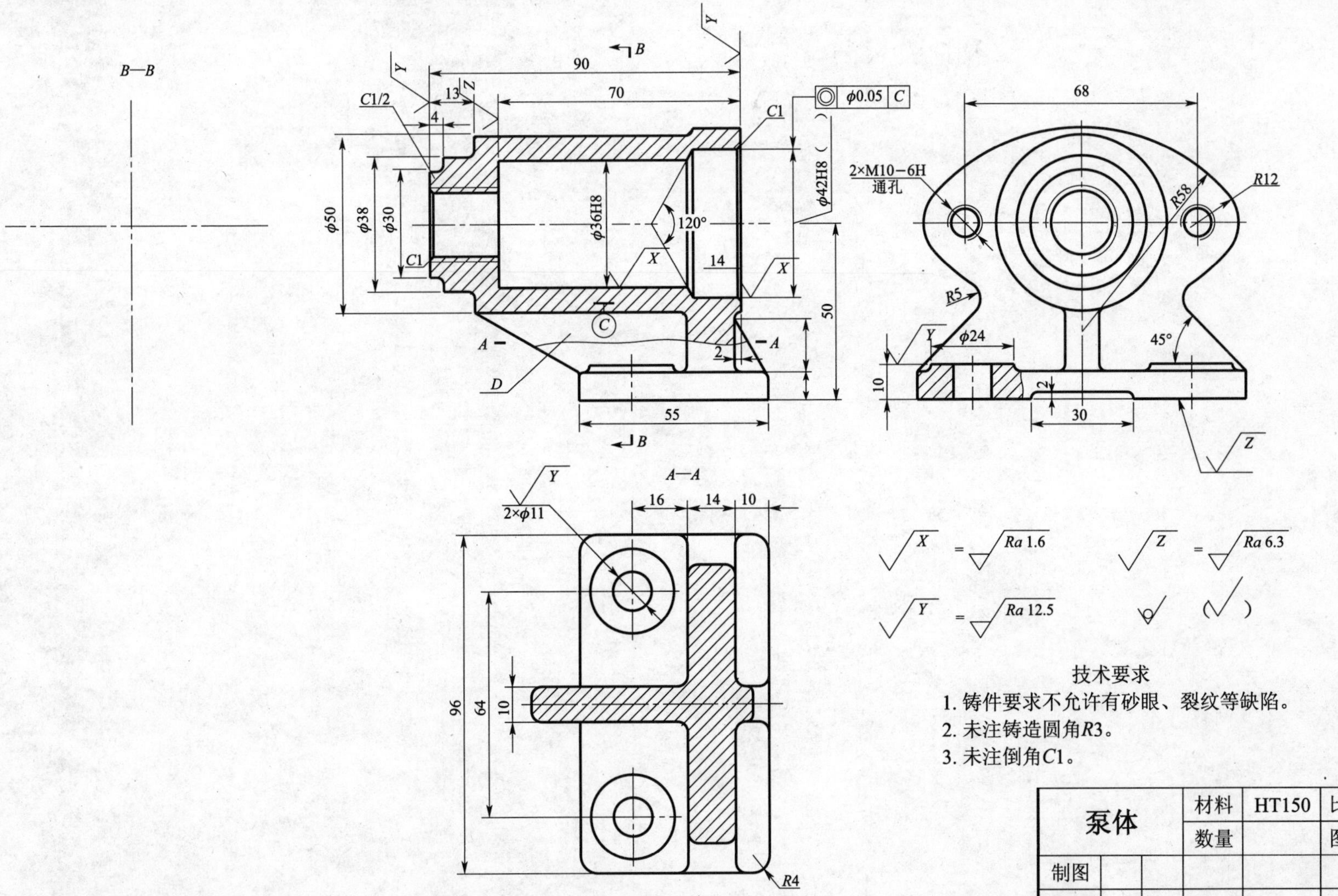

技术要求

1. 铸件要求不允许有砂眼、裂纹等缺陷。
2. 未注铸造圆角$R3$。
3. 未注倒角$C1$。

泵体		材料	HT150	比例	
		数量		图号	
制图					
审核					

班级：　　　　学号：　　　　姓名：

6．读阀盖的零件图，填空并作图。

（1）主视图中有两处采用______剖，俯视图及左视图采用了______剖；*C*向视图是______视方向的______视图。

（2）用文字指出长、宽、高三个方向的主要尺寸基准。

（3）说明下列尺寸的含义。

SR14：____

□58：____

4×M8—6H：____

（4）左视图中的下列尺寸属于哪种类型的尺寸（定形、定位）？

92是______尺寸，100是______，52是______尺寸，ϕ30是______尺寸，

46是______尺寸， 15是______，□58是______尺寸，□40是______尺寸。

（5）$\phi\,30_{0}^{+0.052}$ 最大极限尺寸为_________，下限尺寸为______，公差为______，查表可知其公差带代号为______。

（6）阀盖加工面粗糙度为 $\sqrt{X}$ 的表面共有______处。

（7）解释图中下列形位公差框格的意义：

| ◎ | ϕ0.25 | *G* | ____； |

| ⊥ | ϕ0.025 | *H* | ____。 |

（8）另用图纸画出*K*向视图和*E*—*E*剖视图。

班级： 学号： 姓名：

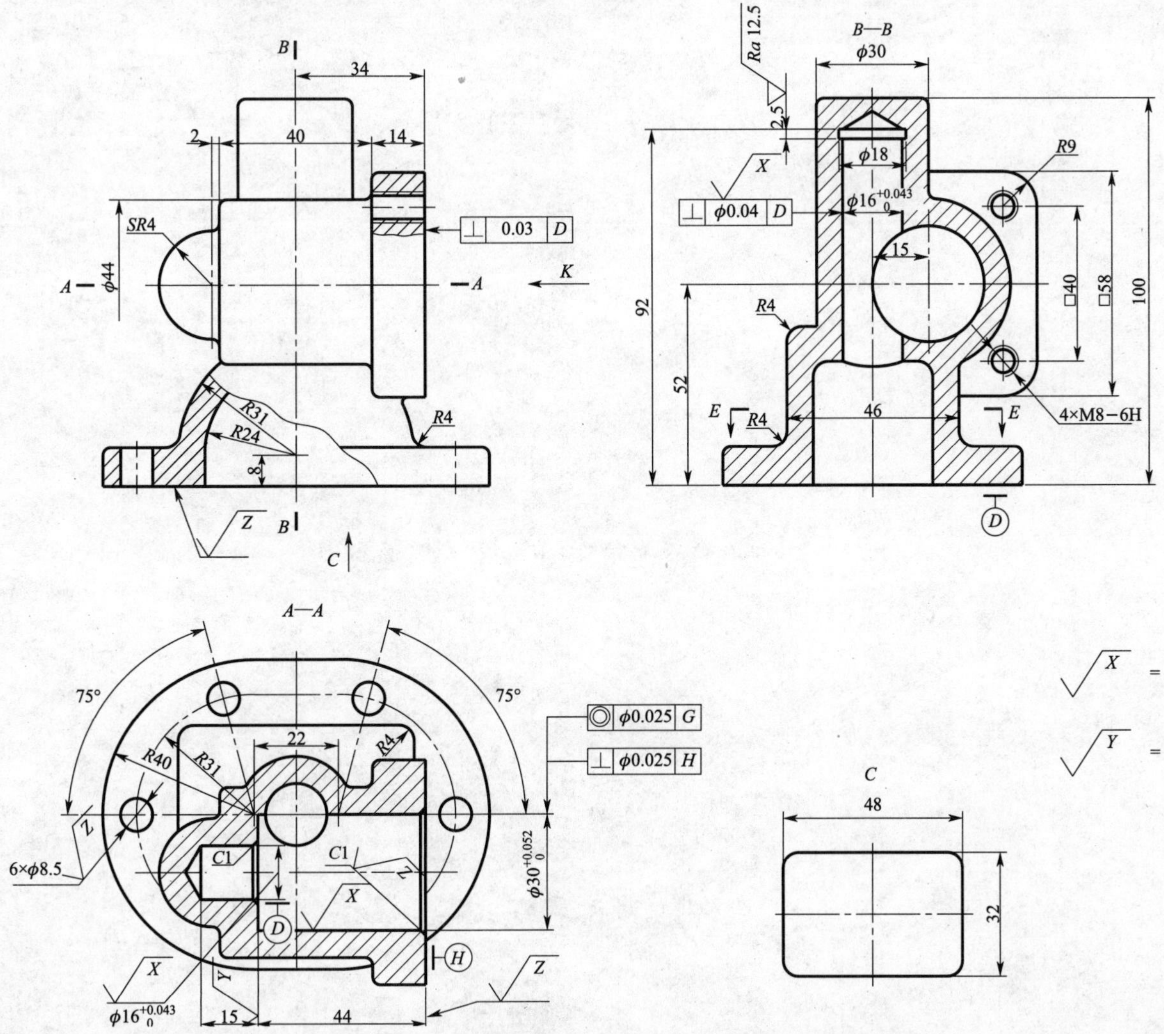

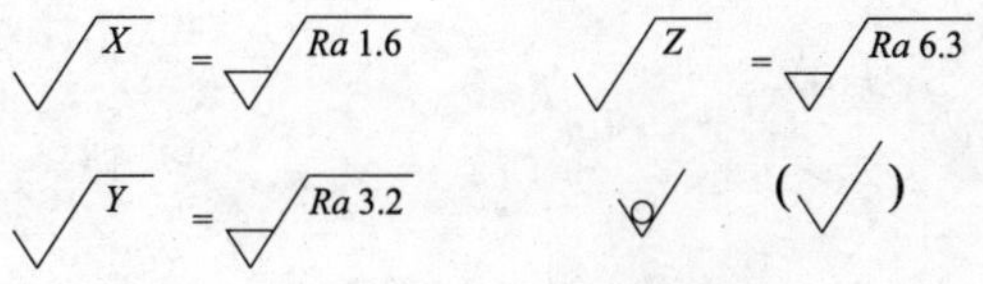

技术要求

1. 铸件要求不准有砂眼和缩孔。
2.未标注铸造圆角R2～R3。

阀盖		材料	HT150	比例	
		数量		图号	
制图					
审核					

班级：　　　　学号：　　　　姓名：

任务二　识读零件图的技术要求

1．按要求标注粗糙度。

（1）要求左、右表面为 √Ra 6.3，上、下表面为 √Ra 3.2，前、后表面为 √Ra 6.3，孔为 √Ra 1.6。

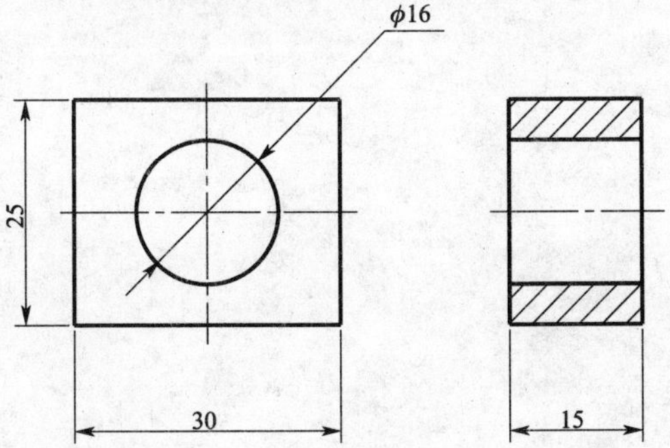

（2）要求孔为 √Ra 3.2，底面为 √Ra 6.3，其余表面均为铸造表面。

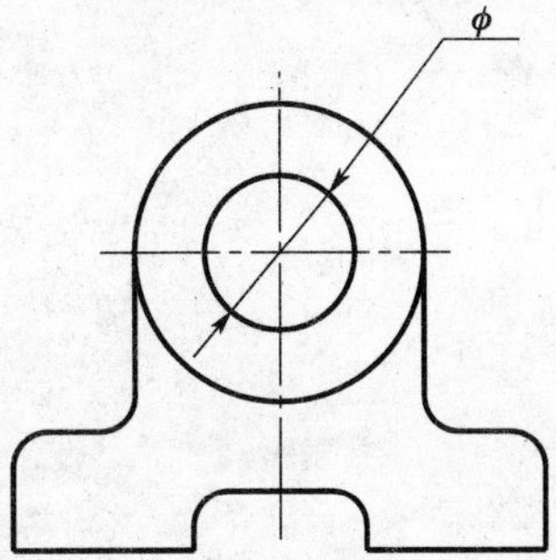

（3）要求全部表面均为 √Ra 12.5。

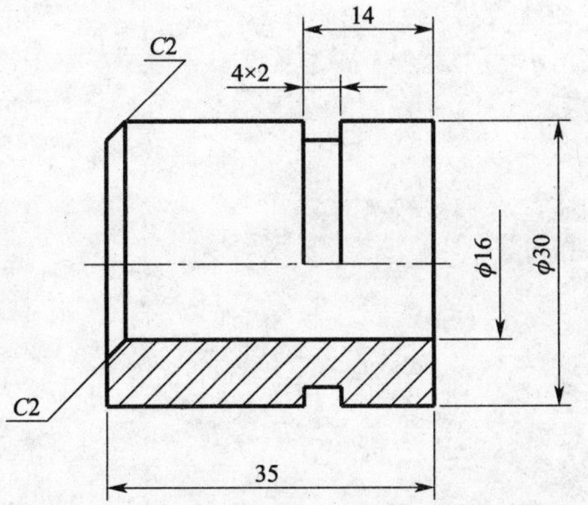

（4）要求轮齿齿侧（工作表面）为 √Ra 0.8，键槽双侧为 √Ra 3.2，槽底为 √Ra 6.3，孔内壁和两侧面为 √Ra 3.2，其余表面为 √Ra 12.5。

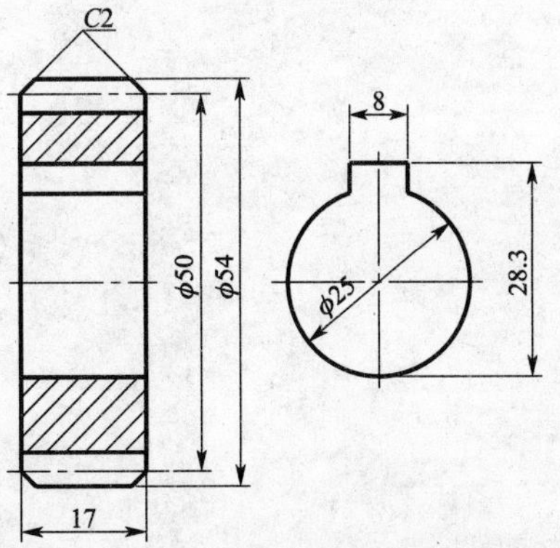

2．极限与配合的填空、标注及作图。

（1）根据配合代号填空。

① $\phi 28\frac{H7}{r6}$为基______制____配合。ϕ28表示________，H表示__________，7表示__________，r表示__________，6表示__________。孔的上偏差ES=______，下偏差EI=______，公差______，轴的上偏差es=______，下偏差ei=______，公差______，基本偏差：孔______，轴______。

② $\phi 18\frac{H8}{f7}$为基__________制__________配合。孔的上偏差ES=______，下偏差EI=______，公差______，轴的上偏差es=______，下偏差ei=______，公差______，基本偏差：孔______，轴______。

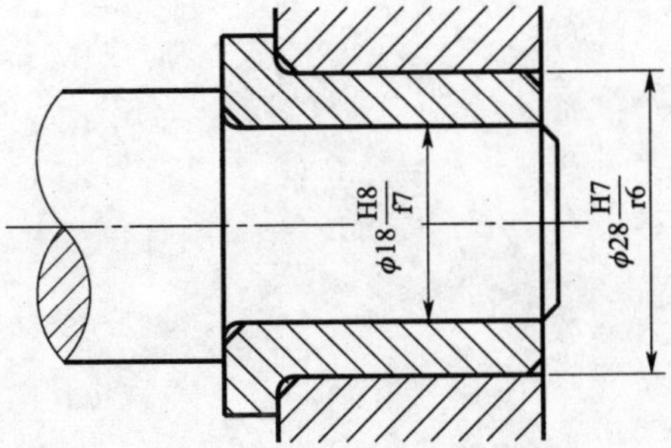

③ 画出$\phi 18\frac{H8}{f7}$和$\phi 28\frac{H7}{r6}$的配合公差带图。

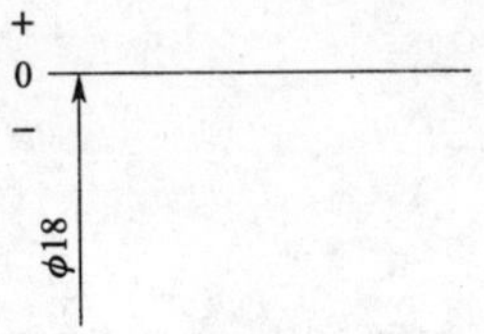

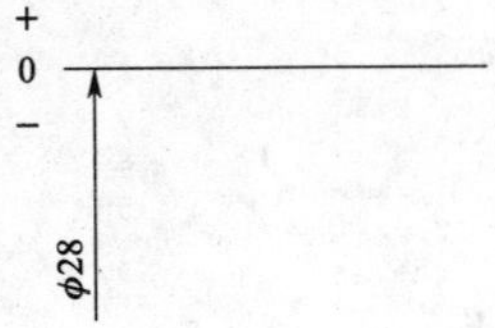

（2）根据孔和轴的极限偏差，查表确定其公差带代号，并在下图中分别标注配合代号。

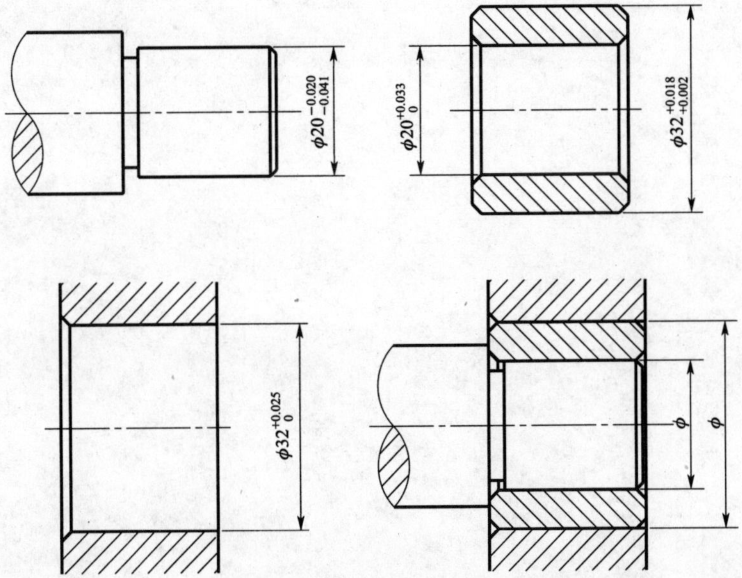

班级：　　　　学号：　　　　姓名：

（3）根据配合代号，在零件图上分别标注轴和孔的公称尺寸、公差带代号和偏差值，并填空。

① $\phi 8\frac{F8}{h7}$为基______制______配合。

$\phi 8$h7的基本偏差为（*es*、*ei*）＝______，IT7＝______。

$\phi 8$F8的基本偏差为（*ES*、*EI*）＝______，IT8＝______。

② $\phi 8\frac{M8}{h7}$为基______制______配合。

$\phi 8$M8的基本偏差为（*ES*、*EI*）＝______，IT8＝______。

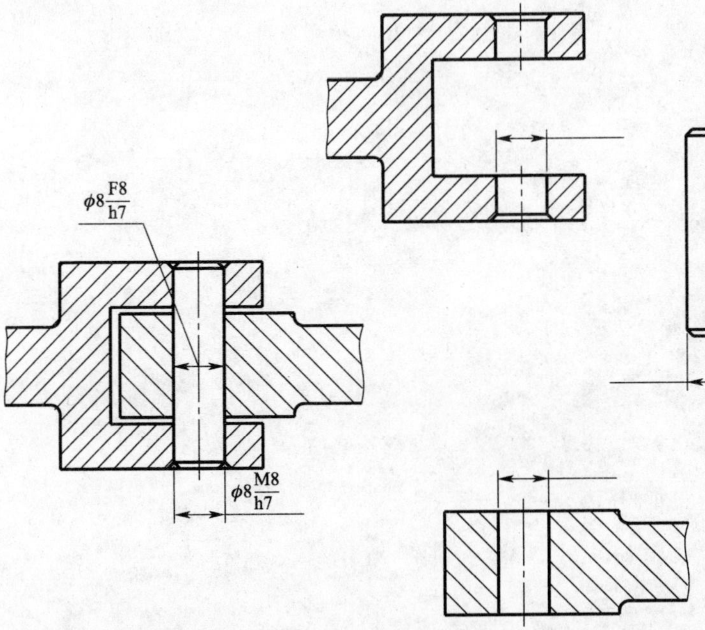

（4）在零件图上分别标注轴和孔的公称尺寸和偏差值，并填空。

① $\phi 25$k6的轴与轴承内圈的配合为基______制______配合。

② $\phi 47$JS7的孔与轴承外圈的配合为基______制______配合。

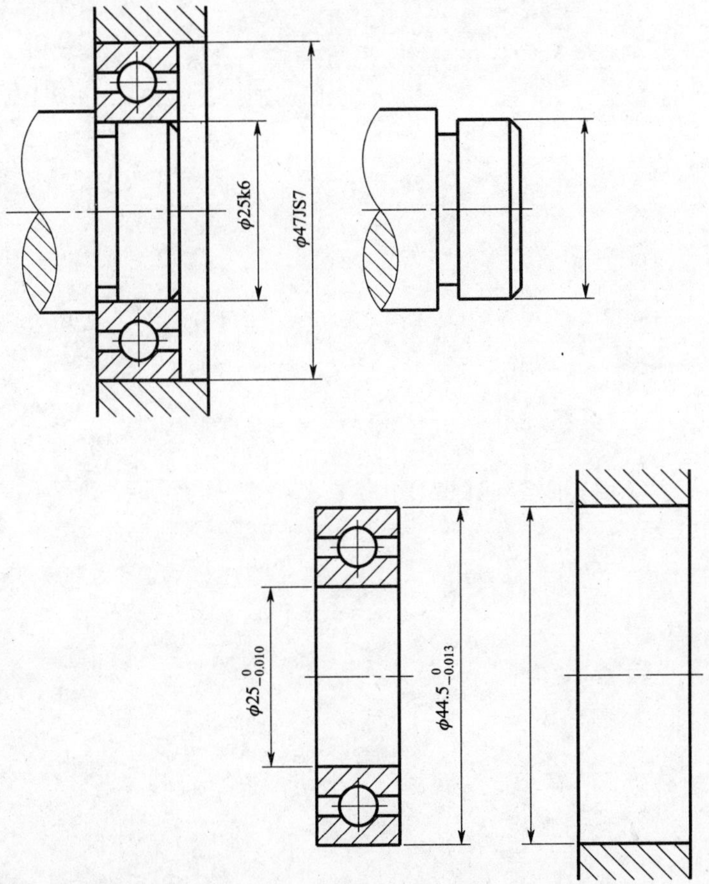

班级：　　　　学号：　　　　姓名：

3．几何公差的标注及填空。

（1）顶面的平面度公差为0.05。

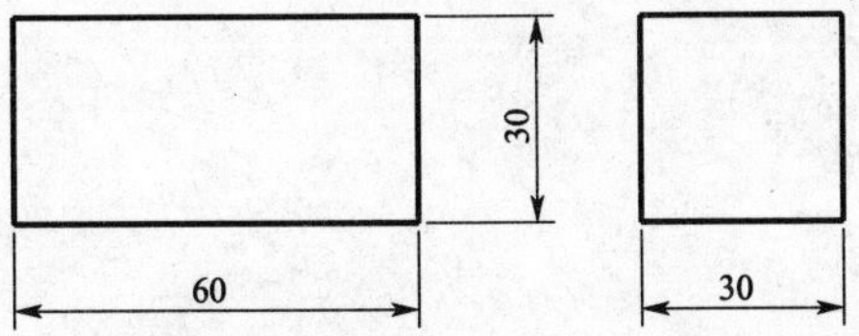

（2）ϕ36h6表面的圆柱度公差为0.04。

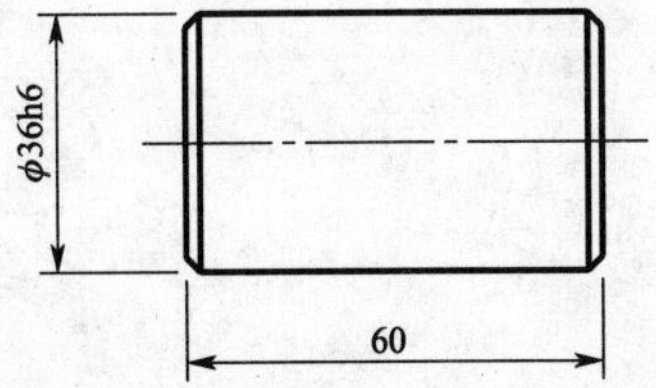

（3）顶面对底面的平行度公差为0.03。

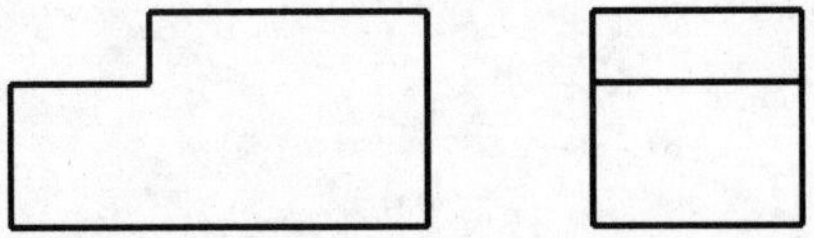

（4）ϕ12H7的轴线对底面的平行度公差为0.04。

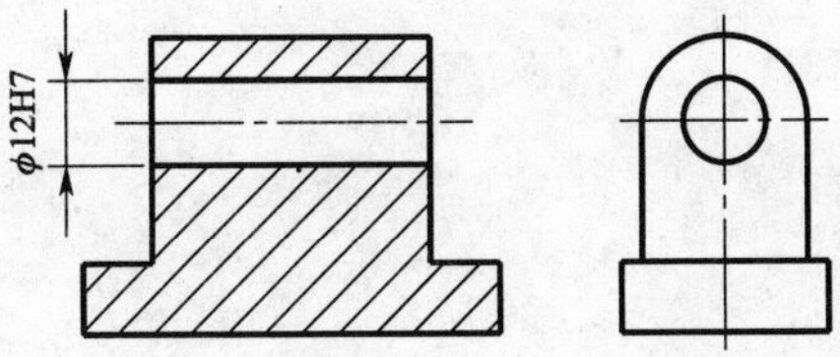

（5）右表面对底面的垂直度公差为0.05。

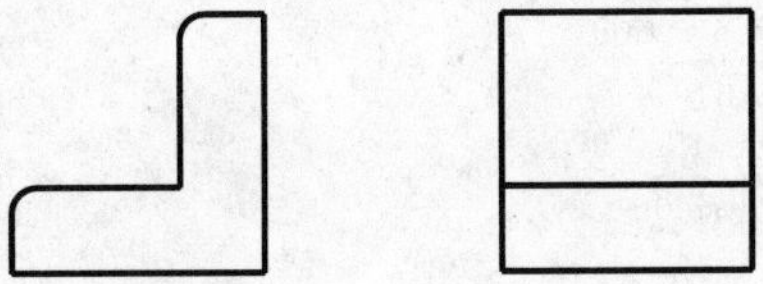

（6）ϕ24H8的轴线对左端面的垂直度公差为ϕ0.04；
ϕ60h7的轴线对ϕ24H8轴线的同轴度公差为ϕ0.03。

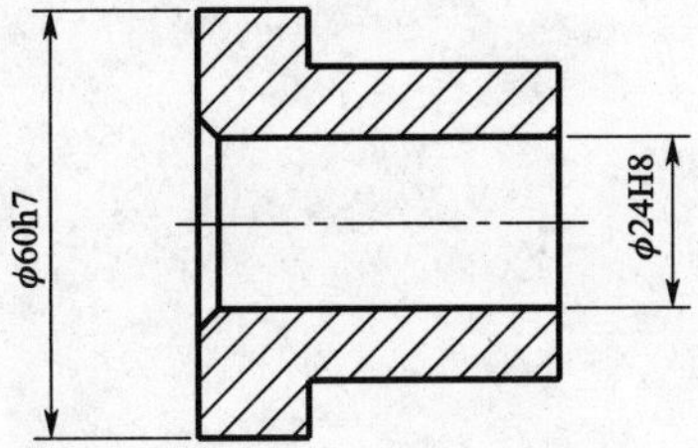

班级：　　　　学号：　　　　姓名：

（7）槽20对距离52的两平面的中心平面的对称度公差为0.05；键槽对ϕ18轴线的对称度公差为0.025。

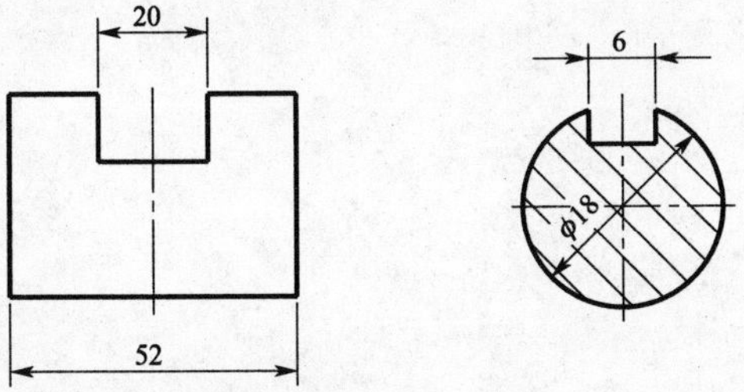

（8）ϕ48圆柱面对ϕ24轴线的径向圆跳动公差为0.03；端面*B*对ϕ24轴线的端面圆跳动公差为0.03。

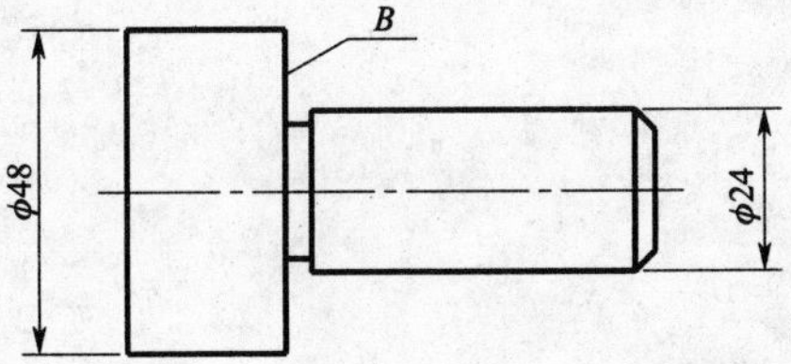

（9）对照下图所标注的形位公差，完成填空题。

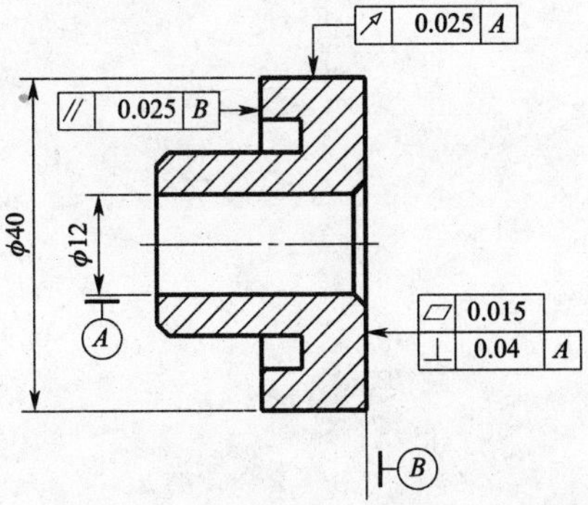

⏥ 0.015 含义：

被测要素是________，几何特征是________，

公差值是________。

⊥ 0.04 *A* 的含义：

被测要素是________，基准要素是________，

几何特征是________，公差值是________。

// 0.025 *B* 的含义：

被测要素是________，基准要素是________，

几何特征是________，公差值是________。

↗ 0.025 *A* 的含义：

被测要素是________，基准要素是________，

几何特征是________，公差值是________。

班级：　　　　学号：　　　　姓名：

（10）ϕ25k6的轴线对ϕ20k6和ϕ15k6公共轴线的同轴度公差为0.025；*A*面对ϕ25k6轴线的垂直度公差为0.05；*B*面对ϕ20k6轴线的端面圆跳动公差为0.05；键槽对ϕ25k6轴线的对称度公差为0.01。

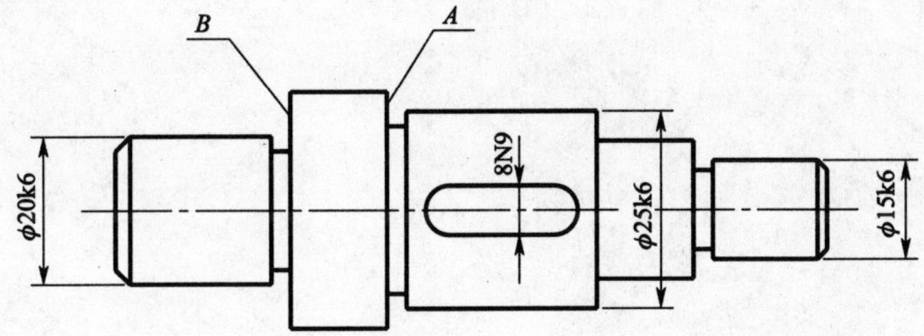

班级：　　　　学号：　　　　姓名：

任务三　绘制轴承架的零件图

1．根据零件的轴测图画零件图。

大作业　绘制机件的零件图

（1）目的

① 了解零件图的内容、要求及其在生产中的作用。

② 培养综合运用各种表达方法的能力。

③ 熟悉在零件图上正确标注尺寸和技术要求。

（2）内容与要求

① 选择适当的比例，在A3图纸上画指定机件的零件图，机件见后面的4个图例。

② 视图表达应正确、清晰、完整、合理。

③ 零件图上应正确、清晰、完整、合理地标注尺寸、公差及表面粗糙度等技术要求。

④ 视图布置匀称、美观，图面整洁，字体工整，同类图线粗细一致。

（3）作图步骤

① 根据各类典型零件的结构特点，确定表达方案。

② 选择适当的比例、图幅。

③ 画零件草图。

④ 绘制零件工作图。

⑤ 提出技术要求，填写标题栏。

班级：　　　　　　　学号：　　　　　　　姓名：

(1)

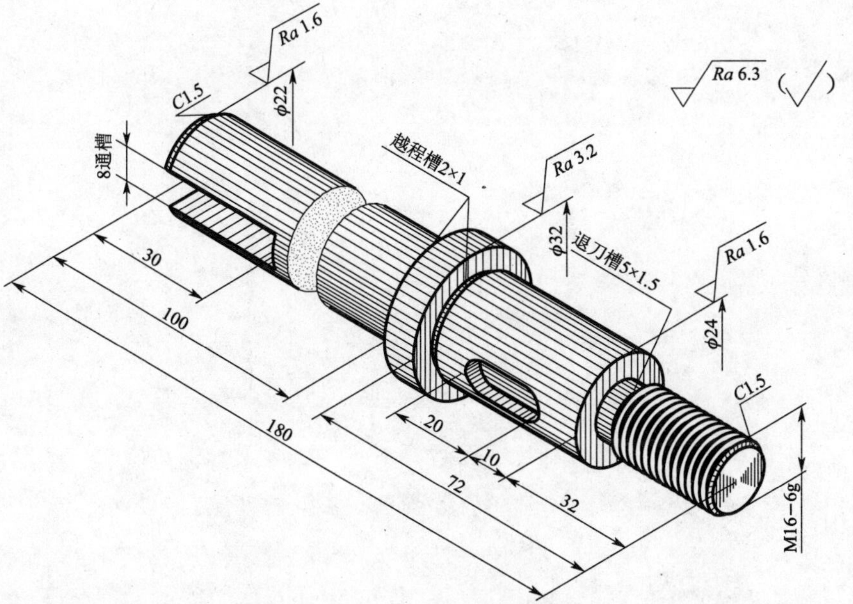

名称：轴

材料：45

注：键槽宽为8，深为4。

(2)

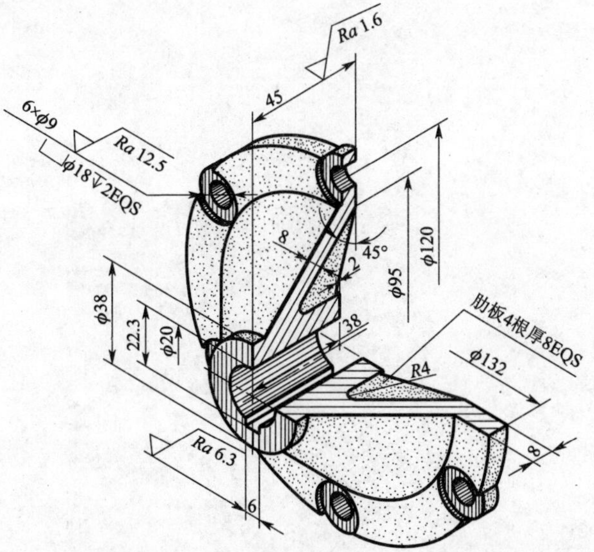

名称：机匣盖

材料：HT150

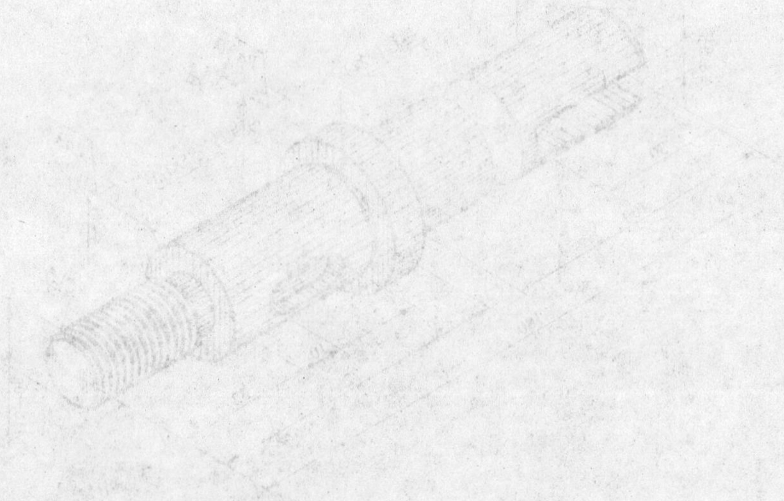

（3）

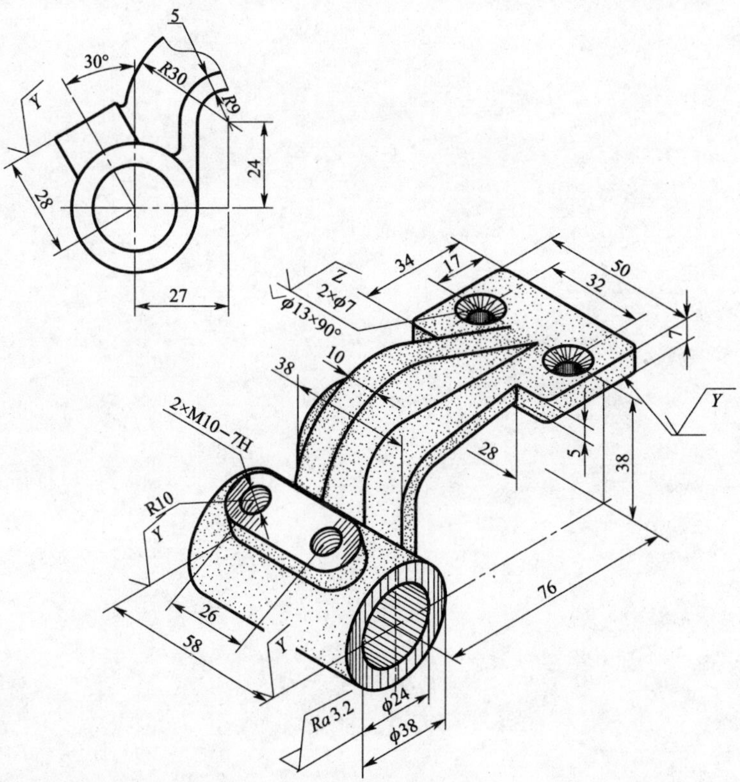

√Y = ▽Ra 6.3

√Z = ▽Ra 12.5

▽(√)

名称：踏架
材料：HT150

（4）

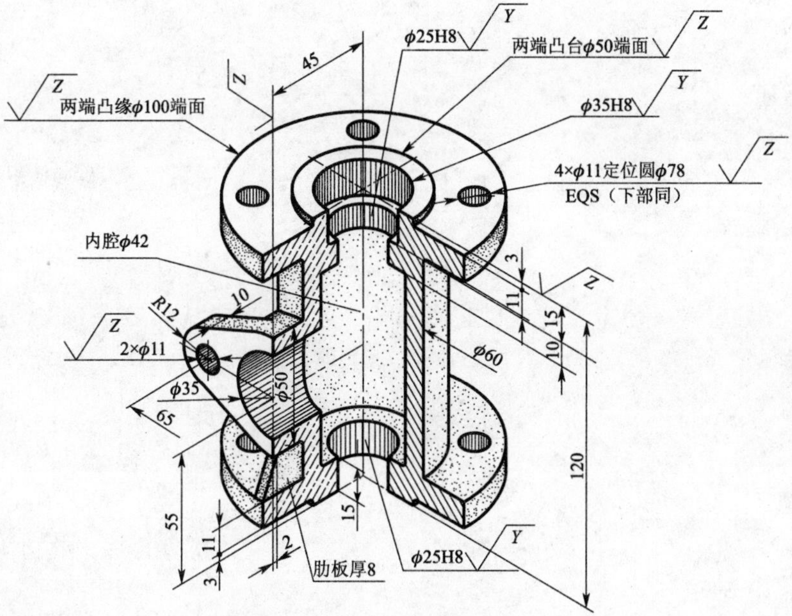

√Y = ▽Ra 3.2

√Z = ▽Ra 25

▽(√)

名称：阀体
材料：HT1505

班级：　　学号：　　姓名：

学习情境五　识读和绘制装配图

任务一　识读蝶阀的装配图

1．识读机用虎钳的装配图，回答问题。

（1）这个装配图的名称是________，共有________种零件组成，其中标准件有________种。

（2）这个装配图由________个图组成。主视图采用________剖，并在件5及件7中采用________剖；左视图采用________剖，俯视图中有一________剖。单独表示件3的图形称为________图，表示牙形的图称为________图，表求件7的右端方形结构的图形称为________图。

（3）图中规格（性能）尺寸有_____、_____，总体尺寸有_____、_____、_____。安装尺寸有_____、_____，配合尺寸有_____、_____、_____、_____。

（4）尺寸$\phi 18\frac{H8}{f7}$是表示件号_____与件号_____的配合代号，属于基_____制，_____配合。该孔称为_________孔，其基本偏差代号为_____，且EI＝_____，公差等级为_____；与该孔配合的轴的基本偏差代号为_____，公差等级为_____级。

（5）若配合尺寸$\phi 18\frac{H8}{f7}$中，已知ϕ18的IT8＝0.027，IT7＝0.018，ϕ18的ϕ为es＝-0.016，则孔、轴的极限偏差应标注为ϕ18H8（　　）和ϕ18f7（　　）。

（6）件号6活动钳身是依靠件号______带动它运动的。它与件号4是通过______号件来固定的。

（7）件号5上的两个小孔的作用是____。

班级：　　　　　　学号：　　　　　　姓名：

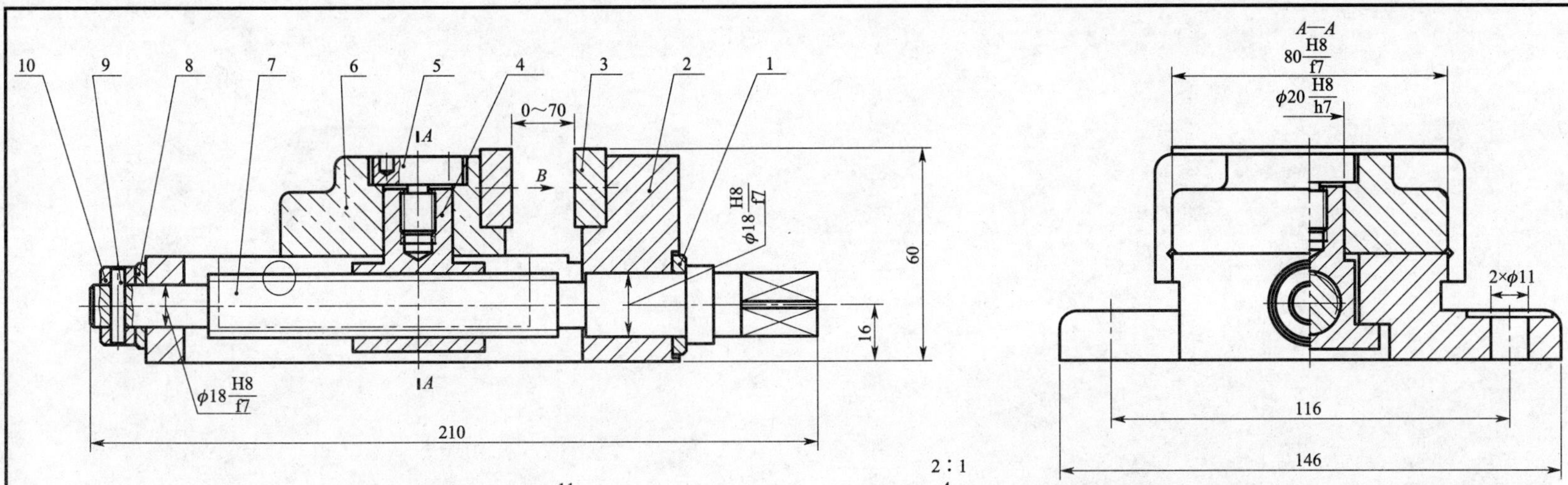

工作状况：转动螺杆（件7）时，可使滑块（件4）随之向右或向左移动，从而夹紧或松开工作。

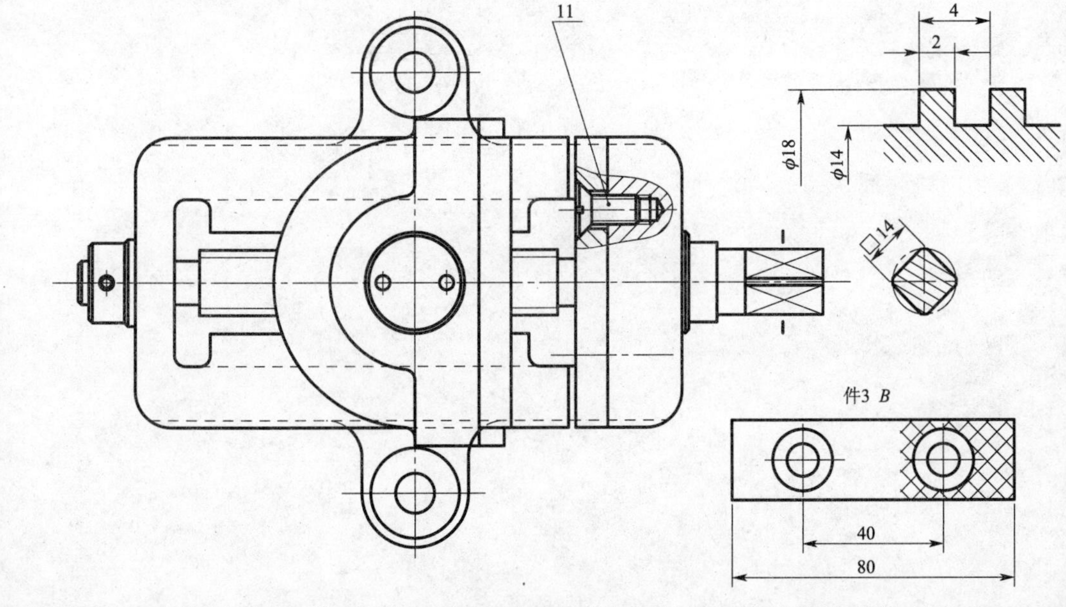

序号	名称	数量	材料	备注
11	螺钉M8×18	1	Q235A	GB/T 68—2000
10	环	1	Q235A	
9	圆柱销A4×20	1	35	GB/T 119—2000
8	垫圈	1	Q235A	
7	螺杆	1	45	
6	活动钳身	1	HT200	
5	螺钉	1	Q235A	
4	滑块	1	Q235A	
3	钳口板	2	45	
2	固定钳身	1	HT200	
1	垫圈	1	Q235A	

机用虎钳	比例	重量	共 张
			第 张
制图			
审核			

班级：　　　　学号：　　　　姓名：

2．读装配图，回答问题并在A4图纸上拆画件2（支座）的零件图。

（1）千斤顶的功能是________________，千斤顶由__________个零件装配而成。

（2）该装配图由__________个视图表达，其中主视图采用________________表达，主视图上方的双点画线表示________________。

（3）螺钉（件1）在千斤顶中的作用是____。

（4）螺母（件4）在千斤顶中的作用是____。

（5）ϕ16H8/ϕ7是____________尺寸，孔的公差带代号是____________，轴的公差带代号是__________，孔与轴采用的是_____________制__________配合。

（6）千斤顶的外形尺寸是________________________________。

（7）简述千斤顶的组装顺序。

（8）简述该千斤顶工作的操作过程。

班级：　　　　学号：　　　　姓名：

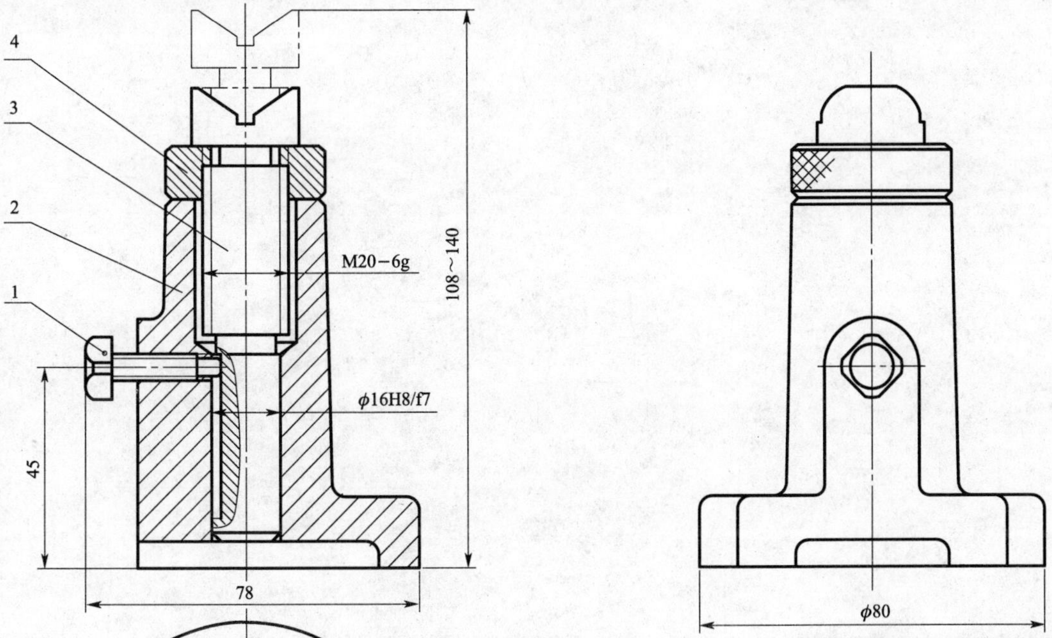

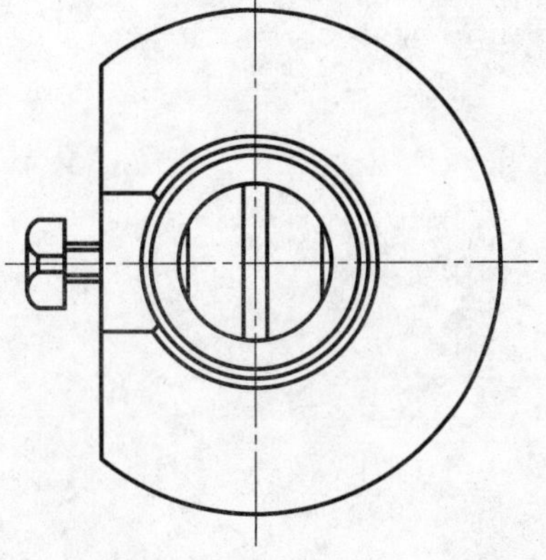

序号	代号	名称	数量	材料	单件质量	总计质量	备注
4		螺母	1	35			
3		螺杆	1	45			
2		支座	1	HT150			
1	GB/T 85	螺钉 M6×25	1	35			

标记	处数	分区	更改文件号	签名	年、月、日		（单位名称）
设计		标准化				阶段标记 质量 比例 1∶2	千斤顶
审核							
工艺		批准				共张 第张	10-01

班级：　　学号：　　姓名：

3．在A3图纸上用1∶1绘制联轴器的装配图（标准件图中未画出，标准件的尺寸根据其参数或标准号查表确定）。

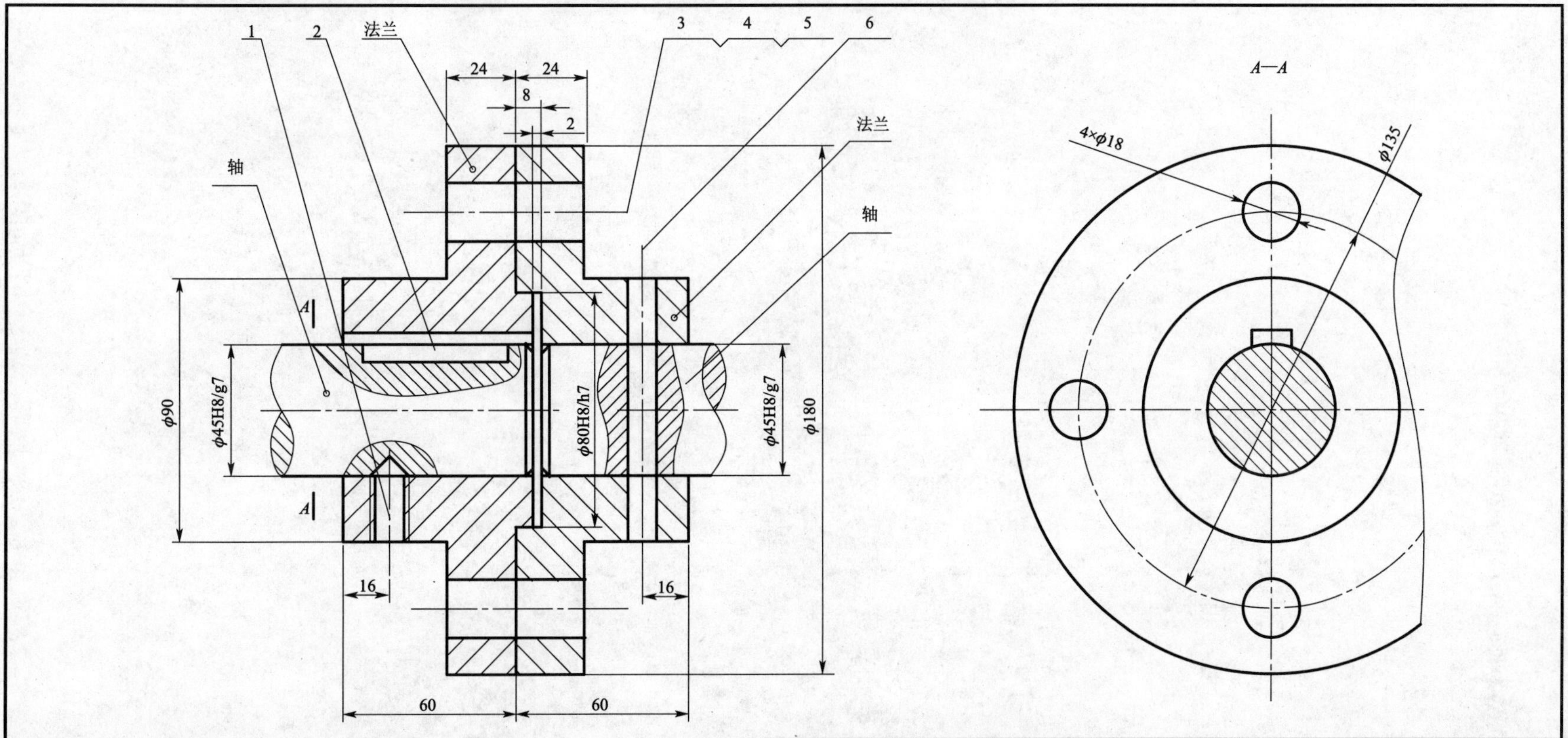

序号	代号	名称	数量	材料	单件质量	总计质量	备注
6	GB/T 119.1—2000	销 10×90	1	35			
5	GB/T 95—2002	垫圈 16	4	Q235A			
4	GB/T 6170—2000	螺母 M16	4	45			
3	GB/T 5782—2000	螺栓 M16×70	4	Q235			
2	GB/T 1095—2003	键 14×50	1	45			
1	GB/T 71—1985	紧固螺钉 M10×25	1	Q235			

标记	处数	分区	更改文件号	签名	年、月、日		（单位名称）
设计		标准化		阶段标记	质量	比例	联轴器
						1∶2	
审核							
工艺		批准		共 张 第 张			06-03

班级：　　　　学号：　　　　姓名：

任务二　识读齿轮泵的装配图并拆画零件图

1．读泄气阀装配图。

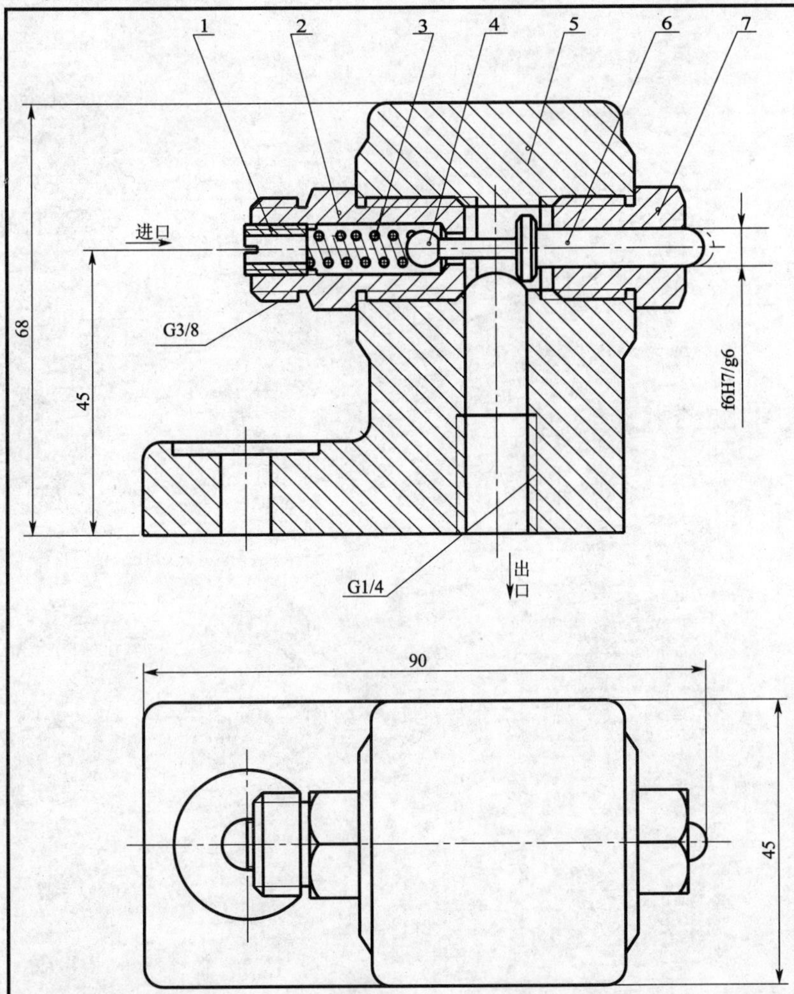

看懂泄气阀的装配图后，完成：

（1）用适当的表达方法拆画件5阀座的零件图。

（2）要求在零件图上标注尺寸、公差，并注出内孔表面的粗糙度R_a上限值为6.3μm。底面的粗糙度R_a上限值为3.2μm。

（3）比例1∶1，填写标题栏。

工作原理:推动阀杆6，顶起钢球4打开或关闭阀口，从而达到泄气。

7	阀杆套		1	35		
6	阀杆		1	35		
5	阀座		1	HT200		
4	钢球		1	45		
3	弹簧		1	55SiMn		
2	阀套		1	Q235		
1	调整螺套		1	Q235		
序号	名称		数量	材料	备注	
泄气阀			比例			
			数量			
制图			重量		第 张	共 张
校对						
审核						

班级：　　　　　学号：　　　　　姓名：

绘制泄气阀的阀座零件图（按图测算比例）

			比例			
			数量			
制图			重量		第　张	共　张
校对						
审核						

班级：　　　　学号：　　　　姓名：

2．读微动机构的装配图

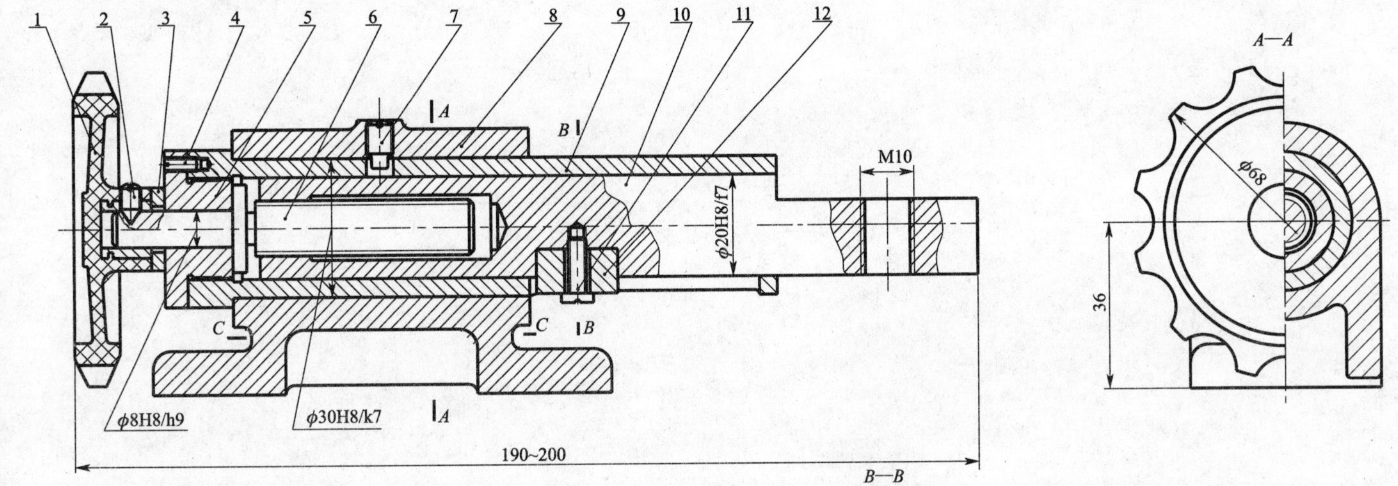

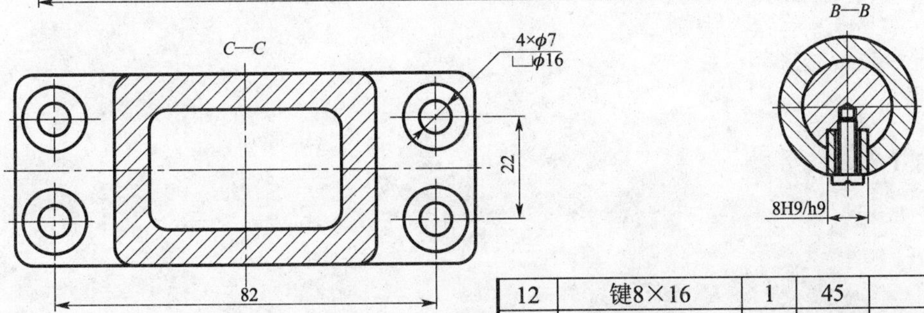

工作原理：转动手轮件1，可使件10导杆左右移动，进行微动调整。

序号	名称	件数	材料	备注
12	键8×16	1	45	
11	螺钉M3×4	1	Q235	GB/T65—2000
10	导杆	1	45	
9	导套	1	45	
8	支座	1	ZL103	
7	紧固螺钉M6×12	1	Q235	GB/T75—1985
6	螺杆	1	45	
5	轴套	1	45	

序号	名称	件数	材料	备注
4	紧固螺钉M3×8	1	Q235	GB/T73
3	垫圈	1	Q235	GB/T97
2	紧固螺钉M5×8	1	Q235	GB/T71
1	手轮	1	酚醛塑料	JB1352—1973

微动机构			比例		（图样代号）
			件数		
制图	（签名）	（年月日）	重量		共 张 第 张
描图			（学校名称）		
审核					

班级： 学号： 姓名：

问答题：

（1）主视图表达了装配件的______________；*C*—*C*剖视图表达的重点是______________。

（2）*B*—*B*断面图主要表达件______________的______________作用。

（3）读微动机构装配图，并拆画序号为10或序号为8的零件图。

		比例				
		数量				
制图			重量		第 张	共 张
校对						
审核						

班级：　　学号：　　姓名：

任务三　绘制滑轴承座的装配图

1．根据千斤顶轴测图和零件图拼画成装配图。

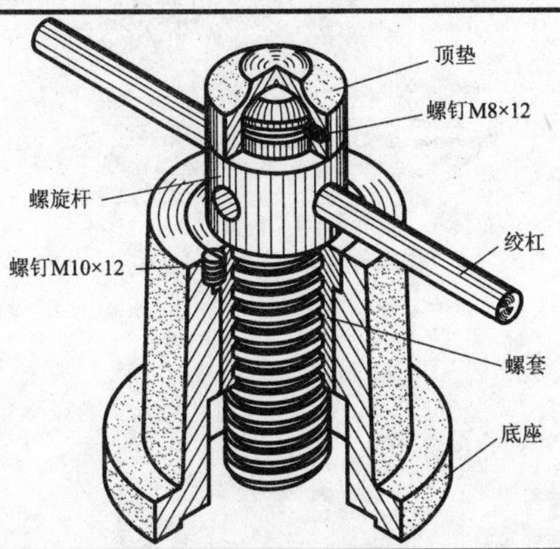

序号	名称	件数	材料	备注
1	底座	1	HT200	
2	螺旋杆	1	45	
3	螺套	1	ZCuAl10Fe3	
4	螺钉 M12×12	1		GB/T 73
5	铰杠	1	Q235A	
6	螺钉M8×12	1		GB/T 75
7	顶垫	1	35	

工作原理：

千斤顶是简单起重工具，工作时，用可调节力臂长度的绞杠带动螺旋杆在螺套中作旋转运动，螺旋作用使螺旋杆上升，装在螺旋杆头部的顶垫顶起重物。骑缝安装的螺钉M10阻止螺套回转，顶垫与螺旋杆头部以球面接触，其内径与螺旋杆有较大间隙，既可减小摩擦力不使顶垫随同螺旋杆回转，又可自调心使顶垫上平面与重物贴平；螺钉M8可防止顶垫脱出。

作业要求：

根据轴测图和零件图，了解部件的装配顺序，用1∶1的比例在A3图纸上画出装配图。

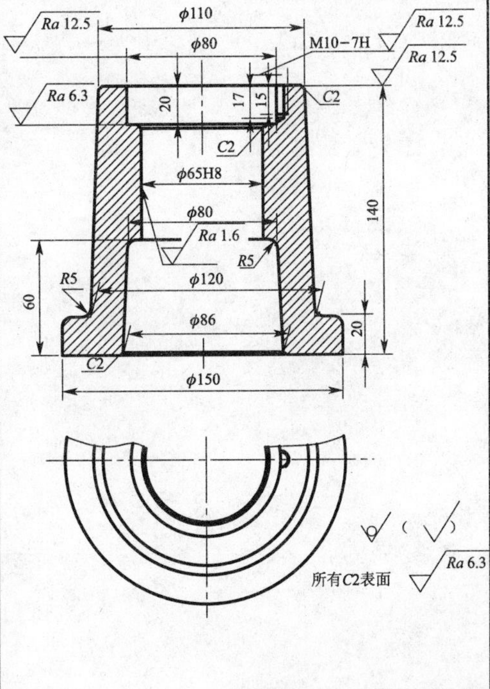

序号	名称	材料	数量
1	底座	HT200	1

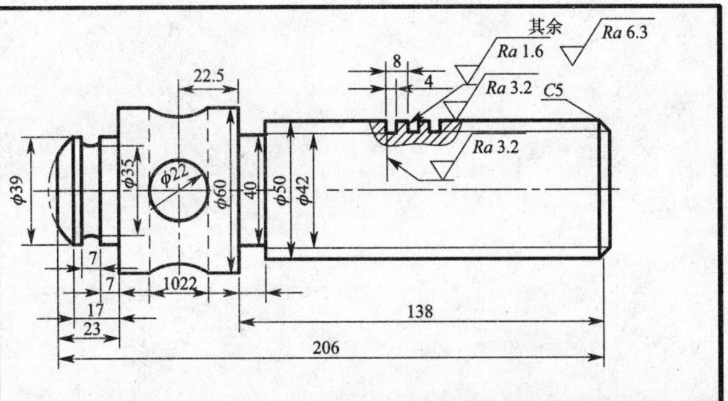

序号	名称	材料	数量
2	螺旋杆	45	1

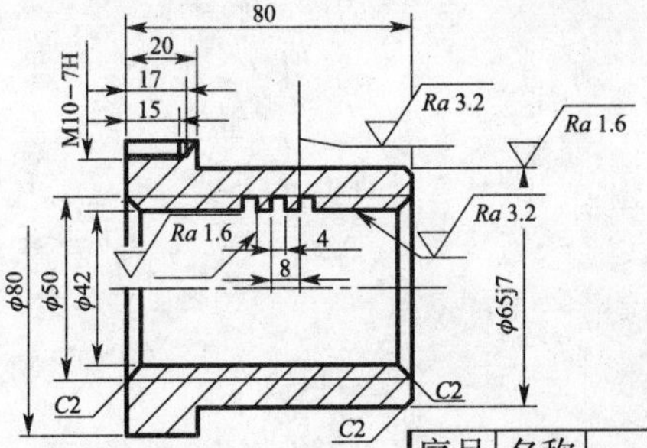

序号	名称	材料	数量
3	螺套	ZCuAl10Fe3	1

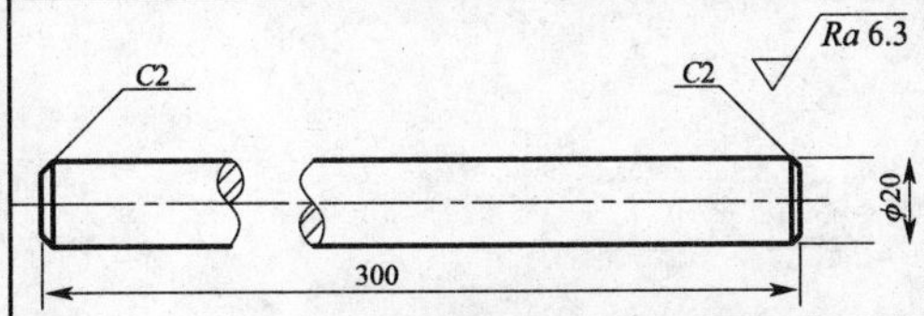

序号	名称	材料	数量
1	铰杠	Q235A	1

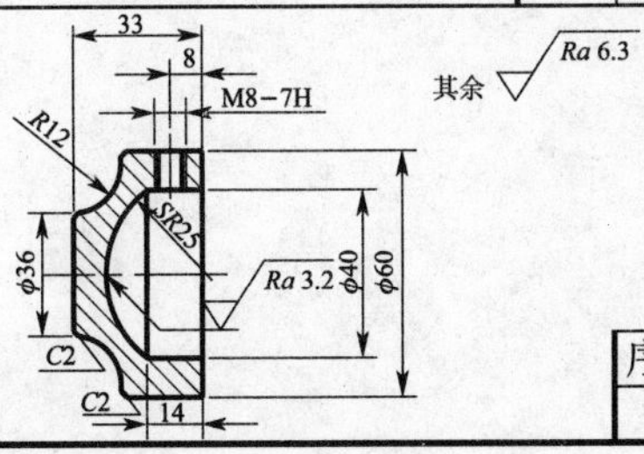

序号	名称	材料	数量
7	顶垫	35	1

班级：　　　　学号：　　　　姓名：

2. 根据装配示意图和零件图，画铣刀头装配图

铣刀头装配示意图

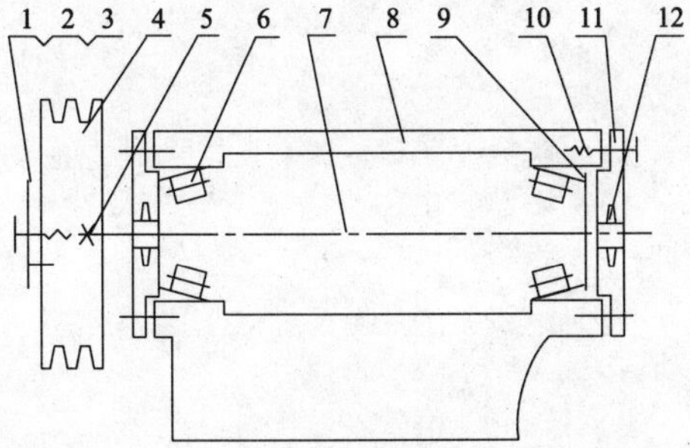

12	毡圈	2	羊毛毡	
11	端盖	2	HT200	
10	螺钉	12	35	GB/T 70
9	调整环	1	35	
8	座体	1	HT200	
7	轴	1	45	
6	轴承	2	GCr15	30307GB/T 297—1994
5	键	1	45	GB/T 1096—1979—8
4	带轮A型	1	HT150	
3	销3m6×10	1	35	GB/T 119
2	螺钉	1	35	GB/T 68
1	挡圈	1	35	GB/T 891—1986—35
序号	名称	件数	材料	备注
铣刀头		比例		（图样代号）
		件数		
制图	（签名） （年月日）	重量		共 张 第 张
描图		（学校名称）		
审核				

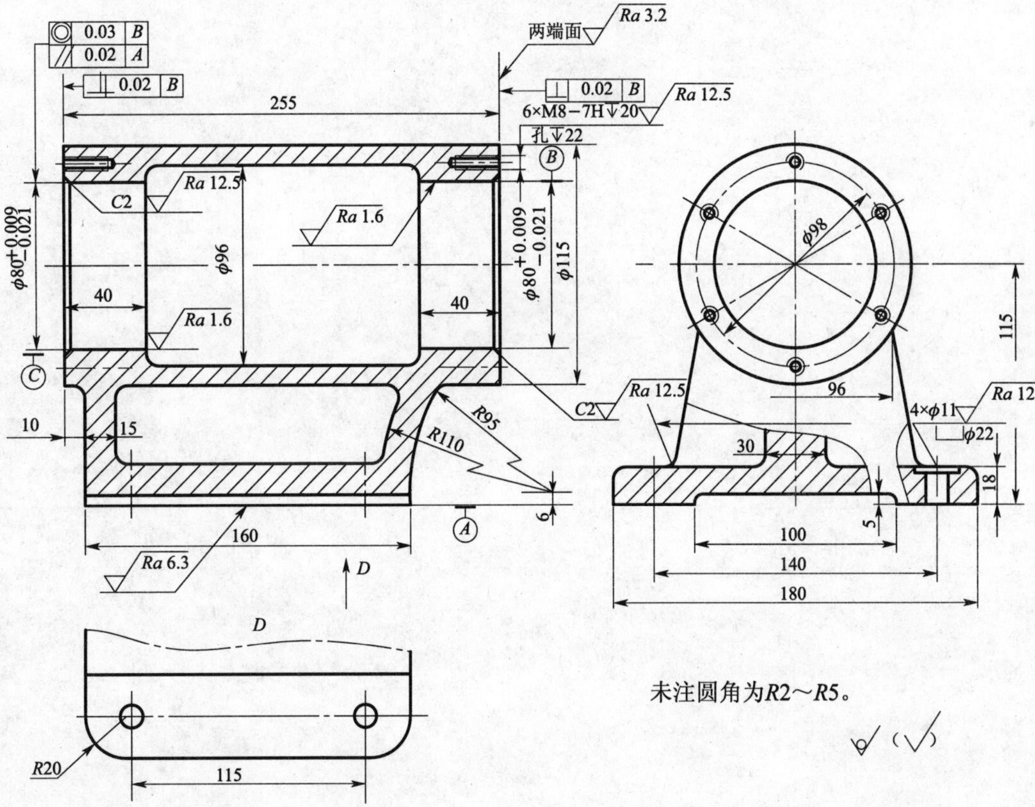

未注圆角为R2～R5。

（√）

序号	名称	材料	数量
8	座体	HT200	1

班级： 学号： 姓名：

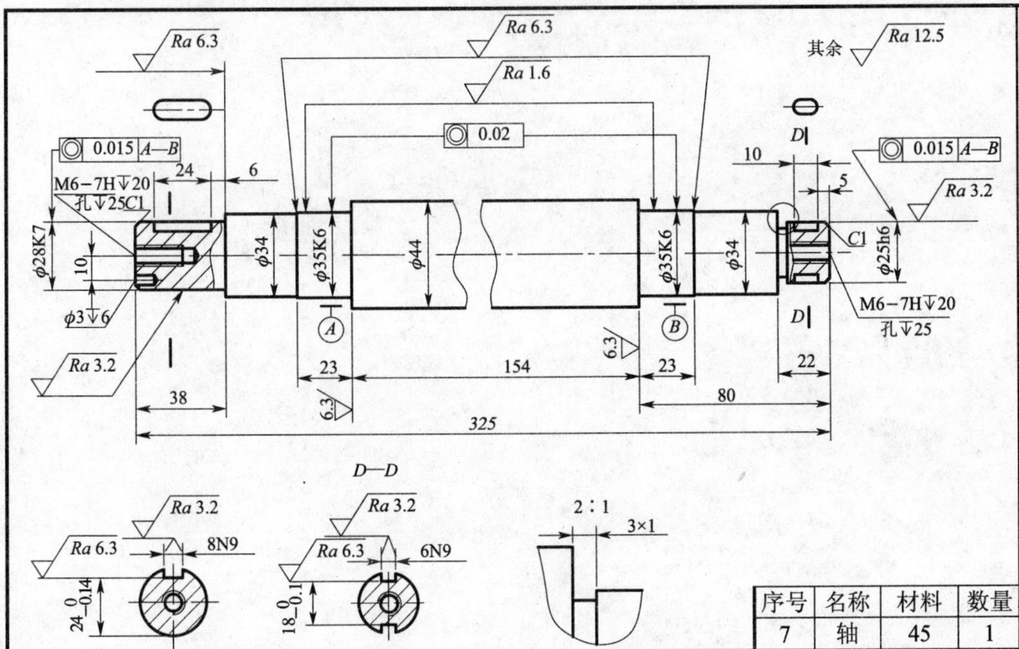

序号	名称	材料	数量
7	轴	45	1

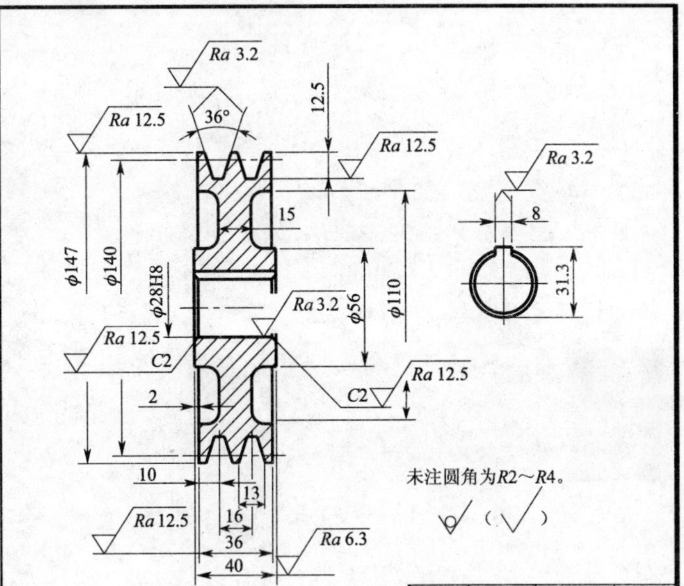

序号	名称	材料	数量
48	带轮	HT200	1

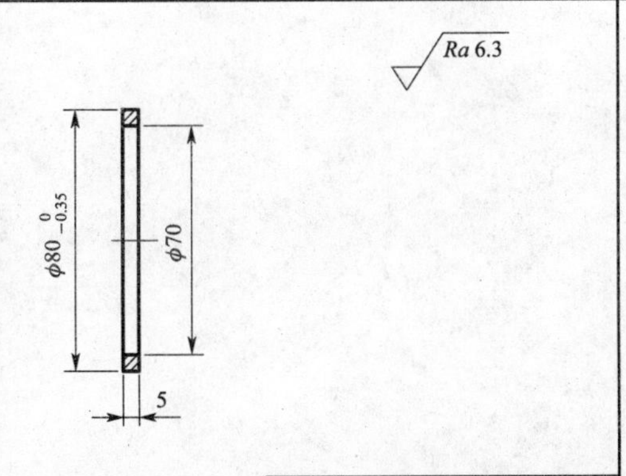

序号	名称	材料	数量
9	调整环	35	1

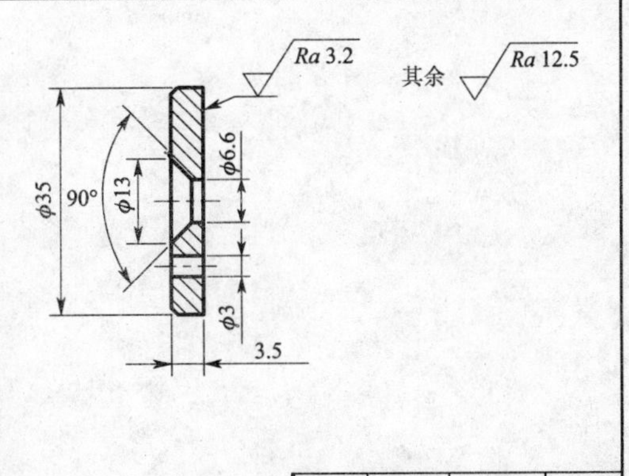

序号	名称	材料	数量
1	挡圈	35	1

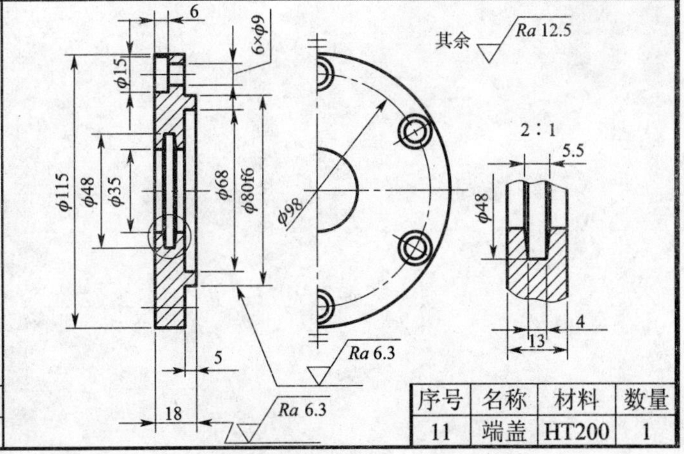

序号	名称	材料	数量
11	端盖	HT200	1

班级：　　　　学号：　　　　姓名：

参 考 文 献

[1] 项仁昌主编. 机械制图习题集. 武汉：中国地质大学出版社，2006

[2] 金大鹰主编. 机械制图习题集. 北京：机械工业出版社，2008

[3] 张景耀主编. 机械制图习题册. 北京：人民邮电出版社，2007

[4] 朱春香主编. 机械制图习题集. 长沙：中南大学出版社，2008

[5] 李典灿主编. 机械图样只读与测试习题集. 北京：机械工业出版社，2009

[6] 耿海珍主编. 机械制图习题集. 上海：同济大学出版社，2009